应用型本科院校“十三五”规划教材/数学

主　编　王晓春
副主编　曹海燕　王晓峰

线性代数学习指导

（第2版）

A Guide to the Study of Linear Algebra

哈爾濱工業大學出版社

内 容 简 介

本书共分5章，包括行列式、矩阵及其运算、矩阵的初等变换与线性方程组、向量空间、矩阵的相似变换与二次型。本书内容充实，条理清晰，是学习线性代数的一本较好的参考书。

本书可作为本科各专业学生基础数学课的学习指导书，也可作为科研人员、技术人员的参考资料。

图书在版编目(CIP)数据

线性代数学习指导/王晓春主编. —2版. —哈尔滨：哈尔滨工业大学出版社，2018.1(2021.8重印)
应用型本科院校“十三五”规划教材
ISBN 978-7-5603-6808-5

Ⅰ.①线… Ⅱ.①王… Ⅲ.①线性代数-高等学校-教学参考资料 Ⅳ.①O151.2

中国版本图书馆CIP数据核字(2017)第172587号

策划编辑　杜　燕　赵文斌
责任编辑　李长波
出版发行　哈尔滨工业大学出版社
社　　址　哈尔滨市南岗区复华四道街10号　邮编150006
传　　真　0451-86414749
网　　址　http://hitpress.hit.edu.cn
印　　刷　哈尔滨久利印刷有限公司
开　　本　787mm×1092mm　1/16　印张8.5　字数194千字
版　　次　2012年8月第1版　2018年1月第2版
　　　　　2021年8月第3次印刷
书　　号　ISBN 978-7-5603-6808-5
定　　价　20.00元

序

哈尔滨工业大学出版社策划的《应用型本科院校“十三五”规划教材》即将付梓,诚可贺也。

该系列教材卷帙浩繁,凡百余种,涉及众多学科门类,定位准确,内容新颖,体系完整,实用性强,突出实践能力培养。不仅便于教师教学和学生学习,而且满足就业市场对应用型人才的迫切需求。

应用型本科院校的人才培养目标是面对现代社会生产、建设、管理、服务等一线岗位,培养能直接从事实际工作、解决具体问题、维持工作有效运行的高等应用型人才。应用型本科与研究型本科和高职高专院校在人才培养上有着明显的区别,其培养的人才特征是:①就业导向与社会需求高度吻合;②扎实的理论基础和过硬的实践能力紧密结合;③具备良好的人文素质和科学技术素质;④富于面对职业应用的创新精神。因此,应用型本科院校只有着力培养“进入角色快、业务水平高、动手能力强、综合素质好”的人才,才能在激烈的就业市场竞争中站稳脚跟。

目前国内应用型本科院校所采用的教材往往只是对理论性较强的本科院校教材的简单删减,针对性、应用性不够突出,因材施教的目的难以达到。因此亟须既有一定的理论深度又注重实践能力培养的系列教材,以满足应用型本科院校教学目标、培养方向和办学特色的需要。

哈尔滨工业大学出版社出版的《应用型本科院校“十三五”规划教材》,在选题设计思路上认真贯彻教育部关于培养适应地方、区域经济和社会发展需要的“本科应用型高级专门人才”精神,根据前黑龙江省委书记吉炳轩同志提出的关于加强应用型本科院校建设的意见,在应用型本科试点院校成功经验总结的基础上,特邀请黑龙江省9所知名的应用型本科院校的专家、学者联合编写。

本系列教材突出与办学定位、教学目标的一致性和适应性,既严格遵照学科体系的知识构成和教材编写的一般规律,又针对应用型本科人才培养目标及与之相适应的教学特点，精心设计写作体例，科学安排知识内容，围绕应用讲授理论，做到“基础知识够用、实践技能实用、专业理论管用”，同时注意适当融入新理论、新技术、新工艺、新成果，并且制作了与本书配套的PPT多媒体教学课件，形成立体化教材，供教师参考使用。

《应用型本科院校“十三五”规划教材》的编辑出版，是适应“科教兴国”战略对复合型、应用型人才的需求，是推动相对滞后的应用型本科院校教材建设的一种有益尝试，在应用型创新人才培养方面是一件具有开创意义的工作，为应用型人才的培养提供了及时、可靠、坚实的保证。

希望本系列教材在使用过程中，通过编者、作者和读者的共同努力，厚积薄发、推陈出新、细上加细、精益求精，不断丰富、不断完善、不断创新，力争成为同类教材中的精品。

第 2 版前言

本书是与王晓春主编的《线性代数》教材配合使用的参考书，教材共有 6 章，由于教材的第 6 章是选学内容，所以本书略去第 6 章的习题，共分 5 章。

线性代数作为高等院校数学课程中的一门重要的基础课，不论是经济、会计，还是计算机等不同专业都有极其广泛的应用。本书依据工科类本科线性代数课程教学基本要求，在编者多年课堂教学实践的基础上编写而成。为了符合应用学科的大多数普通高等院校的办学定位和人才培养目标，按照应用型本科院校各专业的培养方案编排章节内容；考虑到工科学生的实际情况，适当降低理论深度，注重实践能力培养；本书行文力求通俗易懂且实用。在考虑课程自身的系统性和科学性的基础上，突出其应用性。本书涵盖了行列式、矩阵、线性方程组、相似矩阵、二次型相关习题。

本书是为应用型本科院校工科专业编写的线性代数教材，充分考虑了应用型本科院校以培养具有实践能力和创新能力的应用型人才的宗旨，为了学生更好理解本书的理论知识，在考虑课程自身的系统性和科学性的基础上，编写过程中进行了以下几个方面的努力：

(1)突出其应用性；

(2)内容安排由浅入深，先直观、后抽象；

(3)注重基本概念、基本方法和基本运算，书中基本概念的引入；力求直观，尽量减少其抽象性；

(4)每章前包含考试要求、基本内容小结、典型例题与例题分析；

(5)每章后至少有一组单元测试题及单元测试题答案。

本书主编王晓春负责对全书进行统稿，副主编曹海燕编写第 1 章、第 2 章，副主编王晓峰编写第 3 章、第 4 章，主编王晓春编写第 5 章，曾昭英、张春志教授对全书进行了审阅，同时感谢数学教研室的各位老师帮助修改、校验。

我们致力于编写一本适用于应用型本科院校的较高水平的优秀教材，编者做了大量准备工作，讲授本教材大约为 32 学时(选修)或 48 学时(必修)，使用者可依据所在学校的实际要求和学生的实际情况相应处理。

编　者

2021 年 6 月

目　录

第 1 章

行 列 式

一、基本要求

(1) 理解行列式的定义.行列式的定义中应注意两点:

① 和式中的任一项是取自 D 中不同行、不同列的 n 个元素的乘积.由排列知识可知,D 中这样的乘积共有 $n!$ 项.

② 和式中的任一项都带有符号 $(-1)^t$,t 为排列 $(p_1p_2\cdots p_n)$ 的逆序数,即当 $p_1p_2\cdots p_n$ 是偶排列时,对应的项取正号;当 $p_1p_2\cdots p_n$ 是奇排列时,对应的项取负号.

综上所述,n 阶行列式 D 恰是 D 中所有不同行、不同列的 n 个元素的乘积的代数和,其中一半带正号,一半带负号.

(2) 要注重学会利用行列式性质及按行(列)展开等基本方法来简化行列式的计算.

(3) 知道 n 阶行列式的性质.

(4) 知道代数余子式的定义和性质.

(5) 会利用行列式的性质及按行(列)展开计算简单的 n 阶行列式.

(6) 知道克拉默法则.

二、知识考点概述

1.行列式的定义

1) 计算排列的逆序数的方法

设 $p_1p_2\cdots p_n$ 是 $1,2,\cdots,n$ 这 n 个自然数的任一排列,并规定由小到大为标准次序.

先看有多少个比 p_1 大的数排在 p_1 前面,记为 t_1;

再看有多少个比 p_2 大的数排在 p_2 前面,记为 t_2;

……

最后看有多少个比 p_n 大的数排在 p_n 前面,记为 t_n,

则此排列的逆序数为 $t=t_1+t_2+\cdots+t_n$.

2) n 阶行列式

$$D=\begin{vmatrix} a_{11} & a_{12} & \cdots & a_{1n} \\ a_{21} & a_{22} & \cdots & a_{2n} \\ \vdots & \vdots & & \vdots \\ a_{n1} & a_{n2} & \cdots & a_{nn} \end{vmatrix}=\sum_{(p_1p_2\cdots p_n)}(-1)^t a_{1p_1}a_{2p_2}\cdots a_{np_n}$$

其中，$p_1p_2\cdots p_n$ 为自然数 $1,2,\cdots,n$ 的一个排列；t 为这个排列的逆序数；求和符号 $\sum$ 是对所有排列$(p_1p_2\cdots p_n)$求和.

n 阶行列式 D 中所含 n^2 个数，称为 D 的元素，位于第 i 行第 j 列的元素 a_{ij}，称为 D 的(i,j)元.

3) 对角线法则

只对 2 阶和 3 阶行列式适用

$$D=\begin{vmatrix} a_{11} & a_{12} \\ a_{21} & a_{22} \end{vmatrix}=a_{11}a_{22}-a_{12}a_{21}$$

$$D=\begin{vmatrix} a_{11} & a_{12} & a_{13} \\ a_{21} & a_{22} & a_{23} \\ a_{31} & a_{32} & a_{33} \end{vmatrix}=a_{11}a_{22}a_{33}+a_{12}a_{23}a_{31}+a_{13}a_{21}a_{32}-a_{13}a_{22}a_{31}-a_{12}a_{21}a_{33}-a_{11}a_{23}a_{32}$$

4) 行列式的性质

(1) 行列式 D 与它的转置行列式 D^{T} 相等.

(2) 互换行列式的两行(列)，行列式变号.

推论　行列式的某两行(列)相同，行列式为零.

(3) 行列式的某一行(列)中所有元素都乘以同一数 k，等于用数 k 乘此行列式；或者行列式的某一行(列)的各元素有公因子 k，则 k 可提到行列式记号之外.

(4) 行列式中如果有两行(列)元素完全相同或成比例，则此行列式为零.

(5) 若行列式的某一列(行)中各元素均为两项之和，则此行列式等于两个行列式之和.

(6) 把行列式的某一行(列)的各元素乘以同一数然后加到另一行(列)的对应元素上去，行列式的值不变.

5) 行列式的按行(列)展开

(1) 把 n 阶行列式中(i,j)元 a_{ij} 所在的第 i 行和第 j 列划去后所余的 $n-1$ 阶行列式称为(i,j)元 a_{ij} 的余子式，记作 M_{ij}；记 $A_{ij}=(-1)^{i+j}M_{ij}$，则称 A_{ij} 为(i,j)元 a_{ij} 的代数余子式.

(2)n 阶行列式等于它的任一行(列)的各元素与对应于它们的代数余子式的乘积的和，即可以按第 i 行展开：

$$D=a_{i1}A_{i1}+a_{i2}A_{i2}+\cdots+a_{in}A_{in}\quad(i=1,2,\cdots,n)$$

或可以按第 j 列展开：

$$D=a_{1j}A_{1j}+a_{2j}A_{2j}+\cdots+a_{nj}A_{nj}\quad(j=1,2,\cdots,n)$$

(3) 行列式中任一行(列)的元素与另一行(列)的对应元素的代数余子式乘积之和等于零. 即

$$a_{i1}A_{j1}+a_{i2}A_{j2}+\cdots+a_{in}A_{jn}=0\quad(i\neq j)$$

或

$$a_{1i}A_{1j}+a_{2i}A_{2j}+\cdots+a_{ni}A_{nj}=0\quad(i\neq j)$$

2. 一些常用的行列式

(1) 上、下三角形行列式等于主对角线上的元素的乘积，即

$$D=\begin{vmatrix} a_{11} & a_{12} & \cdots & a_{1n} \\ & a_{22} & \cdots & a_{2n} \\ & & \ddots & \vdots \\ & & & a_{nn} \end{vmatrix}=\begin{vmatrix} a_{11} & & & \\ a_{21} & a_{22} & & \\ \vdots & \vdots & \ddots & \\ a_{n1} & a_{n2} & \cdots & a_{nn} \end{vmatrix}=a_{11}a_{22}\cdots a_{nn}$$

特别地，对角行列式等于对角线元素的乘积，即

$$D=\begin{vmatrix} a_{11} & & & \\ & a_{22} & & \\ & & \ddots & \\ & & & a_{nn} \end{vmatrix}=a_{11}a_{22}\cdots a_{nn}$$

类似地

$$D=\begin{vmatrix} & & & a_{1n} \\ & & a_{2,n-1} & \\ & ⋰ & & \\ a_{n1} & & & \end{vmatrix}=(-1)^{\frac{n(n-1)}{2}}a_{1n}a_{2,n-1}\cdots a_{n1}$$

(2) 设 $D_1=\begin{vmatrix} a_{11} & \cdots & a_{1k} \\ \vdots & & \vdots \\ a_{k1} & \cdots & a_{kk} \end{vmatrix}$，$D_2=\begin{vmatrix} b_{11} & \cdots & b_{1n} \\ \vdots & & \vdots \\ b_{n1} & \cdots & b_{nn} \end{vmatrix}$，则

$$D=\begin{vmatrix} a_{11} & \cdots & a_{1k} & & & \\ \vdots & & \vdots & & 0 & \\ a_{k1} & \cdots & a_{kk} & & & \\ c_{11} & \cdots & c_{1k} & b_{11} & \cdots & b_{1n} \\ \vdots & & \vdots & \vdots & & \vdots \\ c_{n1} & \cdots & c_{nk} & b_{n1} & \cdots & b_{nn} \end{vmatrix}=D_1D_2$$

(3) 范德蒙德(Vandermonde) 行列式

$$V_n(x_1,x_2,\cdots,x_n)=\begin{vmatrix} 1 & 1 & \cdots & 1 \\ x_1 & x_2 & \cdots & x_n \\ x_1^2 & x_2^2 & \cdots & x_n^2 \\ \vdots & \vdots & & \vdots \\ x_1^{n-1} & x_2^{n-1} & \cdots & x_n^{n-1} \end{vmatrix}=\prod_{n\geqslant i>j\geqslant 1}(x_i-x_j)$$

计算行列式常用方法：

(1) 利用定义；

(2) 利用性质把行列式化为上三角形行列式，从而算得行列式的值.

1.1 n 阶行列式

一、基本要求

(1) 计算逆序数；

(2) 计算二、三阶行列式；

(3) 理解 n 阶行列式的定义.

二、本节难点

(1) n 阶行列式的定义；

(2) 计算行列式.

三、典型例题

例 1.1 讨论 1，2，3 的全排列.

全排列	123	231	312	132	213	321
逆序数	0	2	2	1	1	3
奇偶性	偶			奇		

例 1.2 求 54321 的逆序数.

解 $t_1=0, t_2=1, t_3=2, t_4=3, t_5=4, t=\sum_{i=1}^{5} t_i=10.$

例 1.3 排列 5741236 的逆序数为(　　).

答案 12

例 1.4 五阶行列式中所有带负号且包含 $a_{15}a_{23}a_{42}$ 的项为(　　)

答案 $-a_{15}a_{23}a_{34}a_{42}a_{51}$

例 1.5 排列 $n,(n-1),(n-2),\cdots,2,1$ 的逆序数是(　　)

A. $\dfrac{n(n+1)}{2}$　　B. 0　　C. $\dfrac{n(n-1)}{2}$　　D. $\dfrac{n^2}{2}$

答案 C

例 1.6 设多项式 $f(x)=\begin{vmatrix} x & x & 7 \\ 5x & 1 & 2 \\ 1 & 2 & -3x \end{vmatrix}$，则 $f(x)$ 的常数项为(　　)

A. 3　　B. -7　　C. 10　　D. 0

答案 B

例 1.7 设多项式 $f(x)=\begin{vmatrix} x & x & 3 \\ 5x & 1 & 3 \\ 1 & 2 & -3x \end{vmatrix}$，则 $f(x)$ 的常数项为(　　)

A. 3　　B. -3　　C. 10　　D. 0

答案 B

例 1.8 $\begin{vmatrix} k-1 & 2 \\ 2 & k-1 \end{vmatrix} \neq 0$ 的充分必要条件是(　　).

A. $k\neq 1$ 且 $k\neq 3$　B. $k\neq -1$ 且 $k\neq 3$　C. $k\neq 1$ 且 $k\neq -3$　D. $k\neq -1$ 且 $k\neq -3$

分析 先计算行列式的值

$$\begin{vmatrix} k-1 & 2 \\ 2 & k-1 \end{vmatrix}=(k-1)^2-2^2=k^2-2k-3=(k-3)(k+1)\neq 0$$

所以，$k\neq -1$ 且 $k\neq 3$

答案 B

例 1.9 判断排列 $n\ (n-1)\ \cdots\ 3\ 2\ 1$ 的奇偶性.

分析 先计算排列的逆序数，逆序数的奇偶性就是该排列的奇偶性，在计算排列的逆序数时，可以从前向后计算每一个元素所构成的逆序数等于这个元素之后比它小的元素个数，也可以从后向前计算每一个元素之前比它大的元素个数，但不能重复计算，一个排列的逆序数等于该排列中每一个元素的逆序数之和.

$$\tau[\,n\ (n-1)\cdots 3\ 2\ 1]=(n-1)+(n-2)+\cdots+2+1=\frac{1}{2}n(n-1)$$

当 $n=4k$ 或 $n-1=4k$（k 为正整数），$\frac{1}{2}n(n-1)$ 为偶数，否则 $\frac{1}{2}n(n-1)$ 为奇数. 所以，当 $n=4k$ 或 $n=4k+1$ 时，原排列为偶排列，当 $n=4k+2$ 或 $n=4k+3$ 时，原排列为奇排列（k 为正整数）.

例 1.10 已知 $\tau(a_1a_2\cdots a_{n-1}a_n)=k$，则 $\tau(a_na_{n-1}\cdots a_2a_1)=$________.

分析 在排列 $a_1a_2\cdots a_{n-1}a_n$ 中，若落在 a_1 之前比 a_1 小的元素个数为 k_1，则落在 a_1 之后比 a_1 大的元素个数为 $n-1-k_1$；若落在 a_2 之前比 a_2 小的元素个数为 k_2，则落在 a_2 之后比 a_2 大的元素个数为 $n-2-k_2$…… 若落在 a_{n-1} 之前比 a_{n-1} 小的元素个数为 k_{n-1}，则落在 a_{n-1} 之后比 a_{n-1} 大的元素个数为 $1-k_{n-1}$，于是

$$\begin{aligned}\tau(a_na_{n-1}\cdots a_2a_1)=&(n-1-k_1)+(n-2-k_2)+\cdots+(1-k_{n-1})=\\&(n-1)+(n-2)+\cdots 1-(k_1+k_2+\cdots+k_{n-1})=\\&\frac{1}{2}n(n-1)-k\end{aligned}$$

所以，对任何 n 阶排列 $a_1a_2\cdots a_{n-1}a_n$，有

$$\tau(a_1a_2\cdots a_{n-1}a_n)+\tau(a_na_{n-1}\cdots a_2a_1)=\frac{1}{2}n(n-1)$$

答案 $\frac{1}{2}n(n-1)-k$

例 1.11 $D=\begin{vmatrix} 0 & 0 & 0 & 1 \\ 0 & 0 & 2 & 0 \\ 0 & 3 & 0 & 0 \\ 4 & 0 & 0 & 0 \end{vmatrix}=$________.

分析 这是四阶行列式，不能用对角线法则计算.

由行列式的定义 $D=(-1)^{\tau(4321)}a_{14}a_{23}a_{32}a_{41}=(-1)^6\times 1\times 2\times 3\times 4=24$

答案 24

例 1.12 一个 n 阶行列式 D 中，如果零元素的个数大于 n^2-n，则 $D=$________.

分析 因为 n 阶行列式中共有 n^2 个元素，如果零元素的个数大于 n^2-n，则非零元素的个数小于 n，因而行列式的任意一项(取自不同行、不同列的 n 个元素的乘积) 均等于零. 所以 $D=0$.

答案 0

1.2 n 阶行列式的性质及计算

一、基本要求

(1) 利用行列式性质计算行列式；

(2) 按行按列展开定理的应用.

二、本节难点

利用行列式的性质，将行列式化成上三角形行列式计算，因为上三角形行列式的值等于其主对角线上所有元素之乘积。这种方法要熟练掌握，它是学习以后各章内容(如矩阵的初等变换、解线性方程组) 的基础.

三、典型例题

例 1.13 计算四阶行列式 $D=\begin{vmatrix}1 & 2 & -1 & 2\\ 3 & 0 & 1 & 5\\ 1 & -2 & 0 & 3\\ -2 & -4 & 1 & 6\end{vmatrix}$.

解 利用行列式的性质，将行列式化为上三角行列式计算.

(1) 将第一行的(−3) 倍、(−1) 倍、2 倍分别加到第 2,3,4 行上去；

(2) 将由第(1) 步得到的行列式的第 2 行的$(-\frac{2}{3})$ 倍加到第 3 行上去；

(3) 将由第(2) 步得到的行列式的第 3 行的$(-\frac{3}{5})$ 倍加到第 4 行上去，即可化为上三角行列式.

$$D=\begin{vmatrix}1 & 2 & -1 & 2\\ 0 & -6 & 4 & -1\\ 0 & -4 & 1 & 1\\ 0 & 0 & -1 & 10\end{vmatrix}=\begin{vmatrix}1 & 2 & -1 & 2\\ 0 & -6 & 4 & -1\\ 0 & 0 & -\frac{5}{3} & \frac{5}{3}\\ 0 & 0 & -1 & 10\end{vmatrix}=\begin{vmatrix}1 & 2 & -1 & 2\\ 0 & -6 & 4 & -1\\ 0 & 0 & -\frac{5}{3} & \frac{5}{3}\\ 0 & 0 & 0 & 9\end{vmatrix}=90$$

例 1.14 若 $D=\begin{vmatrix}a_{11} & a_{12} & a_{13}\\ a_{21} & a_{22} & a_{23}\\ a_{31} & a_{32} & a_{33}\end{vmatrix}=\frac{1}{2}$，则 $D_1=\begin{vmatrix}2a_{11} & a_{13} & a_{11}-2a_{12}\\ 2a_{21} & a_{23} & a_{21}-2a_{22}\\ 2a_{31} & a_{33} & a_{31}-2a_{32}\end{vmatrix}=($ $)$

A. 4 B. −4 C. 2 D. −2

分析 将 D_1 的第 1 列的$(-\frac{1}{2})$ 倍加到第 3 列上去，然后分别提取 1,3 两列的公因子，再将所得到的行列式的 2,3 两列互换，得

$$D_1=2\times(-2)\times(-1)\cdot D=4D=2$$

所以答案为 C.

例 1.15 计算 n 阶行列式 $D=\begin{vmatrix} a_1-m & a_2 & \cdots & a_n \\ a_1 & a_2-m & \cdots & a_n \\ \vdots & \vdots & & \vdots \\ a_1 & a_2 & \cdots & a_n-m \end{vmatrix}$.

解 由于各行元素之和均相等，那么将第 2，3，…，n 列统统加到第 1 列上去，第 1 列的 n 个元素均为 $a_1+a_2+\cdots+a_n-m$，然后再将第一行的(－1) 倍分别加到其余各行上去，可以化为上三角形行列式.

$$D=\begin{vmatrix} \sum_{i=1}^{n}a_i-m & a_2 & \cdots & a_n \\ \sum_{i=1}^{n}a_i-m & a_2-m & \cdots & a_n \\ \vdots & \vdots & & \vdots \\ \sum_{i=1}^{n}a_i-m & a_2 & \cdots & a_n-m \end{vmatrix}=\begin{vmatrix} \sum_{i=1}^{n}a_i-m & a_2 & \cdots & a_n \\ 0 & -m & \cdots & 0 \\ \vdots & \vdots & & \vdots \\ 0 & 0 & \cdots & -m \end{vmatrix}=$$

$$(\sum_{i=1}^{n}a_i-m)(-m)^{n-1}$$

例 1.16 计算 n 阶行列式 $D=\begin{vmatrix} 1+a_1 & 1 & \cdots & 1 \\ 1 & 1+a_2 & \cdots & 1 \\ \vdots & \vdots & & \vdots \\ 1 & 1 & \cdots & 1+a_n \end{vmatrix}$ $(a_1a_2\cdots a_n\neq 0)$.

解 先将第 1 行的(－1) 倍加到其余各行上去，然后从第 2 列至第 n 列的适当倍数(第 i 列的 $\frac{a_1}{a_i}$ 倍) 统统加到第 1 列上去，即可化为上三角形.

$$D=\begin{vmatrix} 1+a_1 & 1 & 1 & \cdots & 1 \\ -a_1 & a_2 & 0 & \cdots & 0 \\ -a_1 & 0 & a_3 & \cdots & 0 \\ \vdots & \vdots & \vdots & & \vdots \\ -a_1 & 0 & 0 & \cdots & a_n \end{vmatrix}=$$

$$\begin{vmatrix} 1+a_1+\frac{a_1}{a_2}+\frac{a_1}{a_3}+\cdots+\frac{a_1}{a_n} & 1 & 1 & \cdots & 1 \\ 0 & a_2 & 0 & \cdots & 0 \\ 0 & 0 & a_3 & \cdots & 0 \\ \vdots & \vdots & \vdots & & \vdots \\ 0 & 0 & 0 & \cdots & a_n \end{vmatrix}=$$

$$(1+a_1+\frac{a_1}{a_2}+\frac{a_1}{a_3}+\cdots+\frac{a_1}{a_n})a_2a_3\cdots a_n=(1+\sum_{i=1}^{n}\frac{1}{a_i})a_1a_2\cdots a_n$$

例 1.17 若一个 n 阶行列式中所有元素均为 ± 1，问该行列式的值是否为偶数？证明你的结论.

解 以±1(整数)为元素的 n 阶行列式的值是整数.由行列式的性质,将第2行加到第1行后其值不变,这时第1行的元素只可能是±2或0,从而第1行有公因子2,行列式又可以写成2与一个元素全为整数的行列式的乘积,因此行列式的值必为偶数.

例1.18 已知204,255,527三个数都是17的整数倍,试证下面的三阶行列式也是17的整数倍.

$$D=\begin{vmatrix}2&0&4\\2&5&5\\5&2&7\end{vmatrix}$$

证明 将 D 中第1列的100倍,第2列的10倍都加到第3列上去,其值不变.

$$D=\begin{vmatrix}2&0&204\\2&5&255\\5&2&527\end{vmatrix}$$

由于 D 中第3列中的元素都是17的整数倍,其他元素均为整数,所以 D 是17的整数倍.

例1.19 行列式 $\begin{vmatrix}1&-1&1&x-1\\1&-1&x+1&-1\\1&x-1&1&-1\\x+1&-1&1&-1\end{vmatrix}=$________.

分析 将行列式第2,3,4列统统加到第1列上去,所得到的行列式第一列提取公因子 x,再将第1列的1倍加到第2,4列上去,第1列的(—1)倍加到第3列可得

$$D=\begin{vmatrix}x&-1&1&x-1\\x&-1&x+1&-1\\x&x-1&1&-1\\x&-1&1&-1\end{vmatrix}=x\begin{vmatrix}1&0&0&x\\1&0&x&0\\1&x&0&0\\1&0&0&0\end{vmatrix}=x^4$$

所以,答案是 x^4.

1.3 子式、余子式与Laplace定理

一、基本要求

(1) 掌握子式、余子式的概念;

(2) 掌握Laplace定理,即行列式的按行(列)展开;

(3) 掌握 n 阶范德蒙德(Vandermonde)行列式.

二、知识考点概述

(1)k 阶子式.

在一个行列式中任意取定 k 行 k 列,位于这些行列相交处的元素所构成的行列式称为行列式的一个 k 阶子式.

(2) 余子式.

划去 $n(n>1)$ 阶行列式的元素 a_{ij} 所在的行和列,所余下 $n-1$ 阶行列式称为 a_{ij} 的余

子式，记为 M_{ij}.

记$(-1)^{i+j}M_{ij}=A_{ij}$，称为 a_{ij} 的代数余子式.

(3)Laplace 定理.

行列式等于它的任一行(列)的各元素与其代数余子式乘积之和.即

$$D=a_{i1}A_{i1}+a_{i2}A_{i2}+\cdots+a_{in}A_{in}\quad(i=1,2,\cdots,n)$$

$$D=a_{1j}A_{1j}+a_{2j}A_{2j}+\cdots+a_{nj}A_{nj}\quad(j=1,2,\cdots,n)$$

定理　行列式的某一行(列)的元素与另外一行(列)的代数余子式乘积的和等于零.

(4)n 阶范德蒙德行列式.

$$V_n=\begin{vmatrix}1&1&1&\cdots&1\\x_1&x_2&x_3&\cdots&x_n\\x_1^2&x_2^2&x_3^2&\cdots&x_n^2\\\vdots&\vdots&\vdots&&\vdots\\x_1^{n-1}&x_2^{n-1}&x_3^{n-1}&\cdots&x_n^{n-1}\end{vmatrix},\quad V_n=\prod_{n\geqslant i>j\geqslant 1}(x_i-x_j)$$

三、典型题解

例 1.20　根据行列式按一行(列)展开定理计算 $D=\begin{vmatrix}1&2&-1&2\\3&0&1&5\\1&-2&0&3\\-2&-4&1&6\end{vmatrix}$.

解　先将行列式的第1行的1倍、2倍分别加到第3,4行上去，化为第2列只有 $a_{12}\neq0$，然后按第2列展开，则有

$$D=\begin{vmatrix}1&2&-1&2\\3&0&1&5\\1&-2&0&3\\-2&-4&1&6\end{vmatrix}=\begin{vmatrix}1&2&-1&2\\3&0&1&5\\2&0&-1&5\\0&0&-1&10\end{vmatrix}=2\times(-1)^{1+2}\begin{vmatrix}3&1&5\\2&-1&5\\0&-1&10\end{vmatrix}=$$

$$-2\begin{vmatrix}3&1&15\\2&-1&-5\\0&-1&0\end{vmatrix}=(-2)\times(-1)\times(-1)^{3+2}\begin{vmatrix}3&15\\2&-5\end{vmatrix}=$$

$$-2\times(-45)=90$$

例 1.21　计算行列式 $D=\begin{vmatrix}1&2&3&4&5\\2&1&2&3&4\\3&2&1&2&3\\4&3&2&1&2\\5&4&3&2&1\end{vmatrix}$.

解 $D=\begin{vmatrix}1&2&3&4&5\\2&1&2&3&4\\3&2&1&2&3\\4&3&2&1&2\\5&4&3&2&1\end{vmatrix}\xlongequal[i=4,3,2,1]{r_{i+1}-r_i}\begin{vmatrix}1&2&3&4&5\\1&-1&-1&-1&-1\\1&1&-1&-1&-1\\1&1&1&-1&-1\\1&1&1&1&-1\end{vmatrix}\xlongequal[i=1,2,3,4]{r_i-r_5}$

$$\begin{vmatrix}0&1&2&3&6\\0&-2&-2&-2&0\\0&0&-2&-2&0\\0&0&0&-2&0\\1&1&1&1&-1\end{vmatrix}=\begin{vmatrix}1&2&3&6\\-2&-2&-2&0\\0&-2&-2&0\\0&0&-2&0\end{vmatrix}=$$

$$(-1)^{1+4}\times6\times\begin{vmatrix}-2&-2&-2\\0&-2&-2\\0&0&-2\end{vmatrix}=48$$

例 1.22 计算 $D=\begin{vmatrix}a&1&0&0\\-1&b&1&0\\0&-1&c&1\\0&0&-1&d\end{vmatrix}$.

解 $D\xlongequal{r_1+ar_2}\begin{vmatrix}0&ab+1&a&0\\-1&b&1&0\\0&-1&c&1\\0&0&-1&d\end{vmatrix}=\begin{vmatrix}ab+1&a&0\\-1&c&1\\0&-1&d\end{vmatrix}\overset{c_3+dc_2}{=}$

$$\begin{vmatrix}ab+1&a&ad\\-1&c&cd+1\\0&-1&0\end{vmatrix}=$$

$$\begin{vmatrix}ab+1&ad\\-1&cd+1\end{vmatrix}=(ab+1)(cd+1)+ad=$$

$$abcd+ab+ad+cd+1$$

例 1.23 计算 $D=\begin{vmatrix}1&1&1&1\\a&b&c&d\\a^2&b^2&c^2&d^2\\a^4&b^4&c^4&d^4\end{vmatrix}$.

解 $D\xlongequal[r_4-a^4r_1]{\substack{r_2-ar_1\\r_3-a^2r_1}}\begin{vmatrix}1&1&1&1\\0&b-a&c-a&d-a\\0&b^2-a^2&c^2-a^2&d^2-a^2\\0&b^4-a^4&c^4-a^4&d^4-a^4\end{vmatrix}=$

$$\begin{vmatrix}b-a&c-a&d-a\\b^2-a^2&c^2-a^2&d^2-a^2\\b^4-a^4&c^4-a^4&d^4-a^4\end{vmatrix}=\!=$$

$$(b-a)(c-a)(d-a)\cdot\begin{vmatrix}1&1&1\\b+a&c+a&d+a\\(b^2+a^2)(b+a)&(c^2+a^2)(c+a)&(d^2+a^2)(d+a)\end{vmatrix}\xlongequal{r_2-ar_1}$$

$$(b-a)(c-a)(d-a)\cdot\begin{vmatrix}1&1&1\\b&c&d\\a^3+ab^2+a^2b+b^3&a^3+ac^2+a^2c+c^3&a^3+ad^2+a^2d+d^3\end{vmatrix}\xlongequal{r_3-a^3r_1}$$

$$(b-a)(c-a)(d-a)\cdot\begin{vmatrix}1&1&1\\b&c&d\\ab^2+a^2b+b^3&ac^2+a^2c+c^3&ad^2+a^2d+d^3\end{vmatrix}\xlongequal{r_3-a^2r_2}$$

$$(b-a)(c-a)(d-a)\cdot\begin{vmatrix}1&1&1\\b&c&d\\ab^2+b^3&ac^2+c^3&ad^2+d^3\end{vmatrix}=$$

$$a(b-a)(c-a)(d-a)\cdot\begin{vmatrix}1&1&1\\b&c&d\\b^2&c^2&d^2\end{vmatrix}+(b-a)(c-a)(d-a)\begin{vmatrix}1&1&1\\b&c&d\\b^3&c^3&d^3\end{vmatrix}=$$

$$a(b-a)(c-a)(d-a)\cdot\begin{vmatrix}1&0&0\\b&c-b&d-b\\b^2&c^2-b^2&d^2-b^2\end{vmatrix}+$$

$$(b-a)(c-a)(d-a)\begin{vmatrix}1&0&0\\b&c-b&d-b\\b^3&c^3-b^3&d^3-b^3\end{vmatrix}=$$

$$a(b-a)(c-a)(d-a)(c-b)(d-b)\begin{vmatrix}1&1\\b+c&b+d\end{vmatrix}+$$

$$(b-a)(c-a)(d-a)(c-b)(d-b)\cdot\begin{vmatrix}1&1\\c^2+bc+b^2&d^2+bd+b^2\end{vmatrix}=$$

$$-a(a-b)(a-c)(a-d)(b-c)(b-d)\begin{vmatrix}1&0\\b+c&d-c\end{vmatrix}-$$

$$(a-b)(a-c)(a-d)(b-c)(b-d)\cdot\begin{vmatrix}1&0\\c^2+bc+b^2&(d+c+b)(d-c)\end{vmatrix}=$$

$$a(a-b)(a-c)(a-d)(b-c)(b-d)(c-d)+(a-b)(a-c)\cdot$$

$$(a-d)(b-c)(b-d)(c-d)(b+c+d)=$$

$$(a-b)(a-c)(a-d)(b-c)(b-d)(c-d)(a+b+c+d)$$

例 1.24 计算 n 阶行列式 $D_n=\begin{vmatrix} x & a & a & \cdots & a \\ a & x & a & \cdots & a \\ a & a & x & \cdots & a \\ \vdots & \vdots & \vdots & & \vdots \\ a & a & a & \cdots & x \end{vmatrix}$.

解 1

$$D_n \xlongequal[i=2,3,\cdots,n]{C_1+C_i} \begin{vmatrix} x+(n-1)a & a & a & \cdots & a \\ x+(n-1)a & x & a & \cdots & a \\ x+(n-1)a & a & x & \cdots & a \\ \vdots & \vdots & \vdots & & \vdots \\ x+(n-1)a & a & a & \cdots & x \end{vmatrix} \xlongequal[i=2,3,\cdots,n]{r_i-r_1}$$

$$\begin{vmatrix} x+(n-1)a & a & a & \cdots & a \\ 0 & x-a & 0 & \cdots & 0 \\ 0 & 0 & x-a & \cdots & 0 \\ \vdots & \vdots & \vdots & & \vdots \\ 0 & 0 & 0 & \cdots & x-a \end{vmatrix} =$$

$$[x+(n-1)a](x-a)^{n-1}$$

解 2

$$D_n=\begin{vmatrix} x & a & a & \cdots & a \\ a & x & a & \cdots & a \\ a & a & x & \cdots & a \\ \vdots & \vdots & \vdots & & \vdots \\ a & a & a & \cdots & x \end{vmatrix}_n = \begin{vmatrix} 1 & a & a & a & \cdots & a \\ 0 & x & a & a & \cdots & a \\ 0 & a & x & a & \cdots & a \\ 0 & a & a & x & \cdots & a \\ \vdots & \vdots & \vdots & \vdots & & \vdots \\ 0 & a & a & a & \cdots & x \end{vmatrix}_{n+1} \xlongequal[i=2,3,\cdots,n+1]{r_i-r_1}$$

$$\begin{vmatrix} 1 & a & a & a & \cdots & a \\ -1 & x-a & 0 & 0 & \cdots & 0 \\ -1 & 0 & x-a & 0 & \cdots & 0 \\ -1 & 0 & 0 & x-a & \cdots & 0 \\ \vdots & \vdots & \vdots & \vdots & & \vdots \\ -1 & 0 & 0 & 0 & \cdots & x-a \end{vmatrix}_{n+1}$$

① 如果 $x=a$,则

$$D_n=\begin{vmatrix} 1 & a & a & a & \cdots & a \\ -1 & 0 & 0 & 0 & \cdots & 0 \\ -1 & 0 & 0 & 0 & \cdots & 0 \\ -1 & 0 & 0 & 0 & \cdots & 0 \\ \vdots & \vdots & \vdots & \vdots & & \vdots \\ -1 & 0 & 0 & 0 & \cdots & 0 \end{vmatrix}_{n+1} =0$$

② 如果 $x\neq a$,则

$$D_n \xrightarrow[i=2,3,\cdots,n+1]{c_1+\frac{c_i}{x-a}} \begin{vmatrix} 1+\frac{na}{x-a} & a & a & a & \cdots & a \\ 0 & x-a & 0 & 0 & \cdots & 0 \\ 0 & 0 & x-a & 0 & \cdots & 0 \\ 0 & 0 & 0 & x-a & \cdots & 0 \\ \vdots & \vdots & \vdots & \vdots & & \vdots \\ 0 & 0 & 0 & 0 & \cdots & x-a \end{vmatrix}_{n+1} = \left(1+\frac{na}{x-a}\right)(x-a)^n$$

综合 ①、② 有

$$D_n = [x+(n-1)a](x-a)^{n-1}$$

例 1.25　计算 $D_{2n} = \begin{vmatrix} a & & & & & b \\ & a & & 0 & b & \\ & & \ddots & & \iddots & \\ & & & a \quad b & & \\ & 0 & & & 0 & \\ & & & c \quad d & & \\ & & \iddots & & \ddots & \\ & c & & 0 & d & \\ c & & & & & d \end{vmatrix}$.

解

$$D_{2n} = a\begin{vmatrix} a & & 0 & & b & 0 \\ & \ddots & & \iddots & & \vdots \\ & & a \quad b & & & \vdots \\ 0 & & & & 0 & \vdots \\ & & c \quad d & & & \vdots \\ & \iddots & & \ddots & & \vdots \\ c & & 0 & & d & 0 \\ 0 & \cdots & \cdots & \cdots & 0 & d \end{vmatrix} + b(-1)^{1+2n}\begin{vmatrix} 0 & a & & 0 & & b \\ \vdots & & \ddots & & \iddots & \\ \vdots & & & a \quad b & & \\ \vdots & 0 & & & & 0 \\ \vdots & & & c \quad d & & \\ \vdots & & \iddots & & \ddots & \\ 0 & c & & 0 & & d \\ c & 0 & \cdots & \cdots & \cdots & 0 \end{vmatrix} =$$

$$adD_{2(n-1)} - bc(-1)^{2n-1+1}D_{2(n-1)} = (ad-bc)D_{2(n-1)}$$

$$D_{2n} = (ad-bc)D_{2(n-1)} = (ad-bc)^2 D_{2(n-2)} = \cdots =$$

$$(ad-bc)^{n-1}D_2 = (ad-bc)^{n-1}\begin{vmatrix} a & b \\ c & d \end{vmatrix} = (ad-bc)^n$$

例 1.26　计算 n 阶行列式

$$D_n = \begin{vmatrix} 0 & 0 & 0 & \cdots & 0 & b & a \\ 0 & 0 & 0 & \cdots & b & a & 0 \\ \vdots & \vdots & \vdots & & \vdots & \vdots & \vdots \\ 0 & b & a & \cdots & 0 & 0 & 0 \\ b & a & 0 & \cdots & 0 & 0 & 0 \\ a & 0 & 0 & \cdots & 0 & 0 & b \end{vmatrix}$$

解　将行列式按第 n 列展开，其代数余子式的值可根据行列式的定义进行计算：

$$D=a\cdot(-1)^{n+1}\begin{vmatrix}0&0&0&\cdots&b&a\\0&0&0&\cdots&a&0\\\vdots&\vdots&\vdots&&\vdots&\vdots\\0&b&a&\cdots&0&0\\b&a&0&\cdots&0&0\\a&0&0&\cdots&0&0\end{vmatrix}_{n-1}+$$

$$b\cdot(-1)^{2n}\begin{vmatrix}0&0&0&\cdots&0&b\\0&0&0&\cdots&b&a\\\vdots&\vdots&\vdots&&\vdots&\vdots\\0&0&b&\cdots&0&0\\0&b&a&\cdots&0&0\\b&a&0&\cdots&0&0\end{vmatrix}_{n-1}=$$

$$a(-1)^{n+1}(-1)^{\frac{1}{2}(n-1)(n-2)}a^{n-1}+b(-1)^{\frac{1}{2}(n-1)(n-2)}b^{n-1}=$$

$$(-1)^{\frac{1}{2}n(n-1)}a^{n}+(-1)^{\frac{1}{2}(n-1)(n-2)}b^{n}$$

例 1.27　$\begin{vmatrix}-1&1&1\\1&-1&x\\1&1&-1\end{vmatrix}$是关于 x 的一次多项式，该式中一次项的系数是________.

分析　将该行列式按第 2 行或第 3 列展开，则 x 的一次项的系数就是 x 的代数余子式

$$(-1)^{2+3}\begin{vmatrix}-1&1\\1&1\end{vmatrix}=(-1)^{5}\times(-2)=2$$

所以答案是 2.

单元测试题

一、填空题

1. 当 $i=$________且 $j=$________时，排列 $391i65j47$ 为偶排列.

2. 设排列 $j_1,j_2,\cdots,j_9$ 的逆序数为 20，则排列 $j_9\,j_8\cdots j_2\,j_1$ 的逆序数为________.

3. 写出四阶行列式中所有带负号且包含 $a_{11}a_{23}$ 的项________.

4. A_1,A_2,A_3 是三阶行列式 A 的三个列，$|A|=|A_1A_2A_3|=2$，则 $|A_3-2A_1,3A_2,A_3|=$________.

5. 已知 $f(x)$ 为多项式 $\begin{vmatrix}x&x&3\\5x&1&3\\1&2&-3x\end{vmatrix}$，则 $f(x)$ 中 x^3 的系数为________.

6. 排列 4 1 2 3 的逆序数为________.

7. 行列式 D 的某两行相等，则 $D=$________.

8. 排列 3 2 5 1 4 的逆序数是________.

二、选择题

9. 设多项式 $f(x)=\begin{vmatrix} x^2 & x & 5 \\ x & 1 & 3 \\ 1 & 2 & x \end{vmatrix}$，则 $f(x)$ 的常数项为(　　)

A. 5　　B. -5　　C. 10　　D. 0

10. 线性方程组 $\begin{cases} kx_1+2x_2+x_3=0 \\ 2x_1+kx_2=0 \\ x_1-x_2+x_3=0 \end{cases}$ 仅有零解的充分必要条件是(　　)

A. $k=3$ 或 $k=-2$　　B. $k=3$ 且 $k=-2$

C. $k\neq 3$ 且 $k\neq -2$　　D. $k\neq 3$ 或 $k\neq -2$

11. 四阶行列式中所有带负号且包含 $a_{23}a_{34}$ 的项是(　　)

A. $-a_{12}a_{23}a_{34}a_{41}$　　B. $-a_{11}a_{23}a_{34}a_{42}$

C. $-a_{11}a_{23}a_{34}a_{44}$　　D. $-a_{11}a_{23}a_{34}a_{41}$

12. 若 $\alpha_1,\alpha_2,\alpha_3,\beta_1,\beta_2$ 都可作为四阶行列式的列，且四阶行列式 $|\alpha_1\alpha_2\alpha_3\beta_1|=m$，$|\alpha_1\alpha_2\beta_2\alpha_3|=n$，则四阶行列式 $|\alpha_3\alpha_2\alpha_1(\beta_1+\beta_2)|=$(　　)

A. $m+n$　　B. $-(m+n)$　　C. $n-m$　　D. $m-n$

三、计算题

13. 计算行列式.

(1) $\begin{vmatrix} 3 & 1 & 1 & 1 \\ 1 & 3 & 1 & 1 \\ 1 & 1 & 3 & 1 \\ 1 & 1 & 1 & 3 \end{vmatrix}$　　(2) $\begin{vmatrix} 2 & 2 & 0 & 0 & 0 \\ 2 & 3 & 0 & 0 & 0 \\ 0 & 0 & 1 & 0 & 2 \\ 0 & 0 & 0 & 5 & 0 \\ 0 & 0 & 0 & 0 & 10 \end{vmatrix}$

(3) $\begin{vmatrix} 5 & 7 & 0 & 0 \\ 4 & 6 & 0 & 0 \\ 0 & 0 & 2 & 5 \\ 0 & 0 & 3 & 8 \end{vmatrix}$　　(4) $\begin{vmatrix} 1 & 3 & 0 & 0 \\ 2 & 1 & 0 & 0 \\ 0 & 0 & 1 & 0 \\ 0 & 0 & 3 & 1 \end{vmatrix}$

(5) $\begin{vmatrix} 1 & 2 & 0 & 0 \\ -1 & 2 & 0 & 0 \\ 0 & 0 & 3 & 3 \\ 0 & 0 & 0 & 2 \end{vmatrix}$　　(6) $\begin{vmatrix} -4 & 2 & 0 & 0 \\ 0 & 2 & 0 & 0 \\ 0 & 0 & -3 & 1 \\ 0 & 0 & 1 & 1 \end{vmatrix}$

(7) $\begin{vmatrix} 1 & 1 & 0 & 0 \\ 1 & -2 & 0 & 0 \\ 0 & 0 & 2 & 0 \\ 0 & 0 & -2 & 1 \end{vmatrix}$

四、证明题

14. 证明：

(1) $\begin{vmatrix} a^2 & ab & b^2 \\ 2a & a+b & 2b \\ 1 & 1 & 1 \end{vmatrix}=(a-b)^3$

(2) $\begin{vmatrix} ax+by & ay+bz & az+bx \\ ay+bz & az+bx & ax+by \\ az+bx & ax+by & ay+bz \end{vmatrix}=(a^3+b^3)\begin{vmatrix} x & y & z \\ y & z & x \\ z & x & y \end{vmatrix}$

单元测试题答案

一、填空题

1. 2,8　2. 16　3. $-a_{11}a_{23}a_{32}a_{44}$　4. -12　5. 15　6. 3　7. 0　8. 5

二、选择题

9. B　10. C　11. A　12. C

三、计算题

13. (1) $\begin{vmatrix} 3 & 1 & 1 & 1 \\ 1 & 3 & 1 & 1 \\ 1 & 1 & 3 & 1 \\ 1 & 1 & 1 & 3 \end{vmatrix} \xlongequal{r_1+r_2+r_3+r_4} \begin{vmatrix} 6 & 6 & 6 & 6 \\ 1 & 3 & 1 & 1 \\ 1 & 1 & 3 & 1 \\ 1 & 1 & 1 & 3 \end{vmatrix}=6\begin{vmatrix} 1 & 1 & 1 & 1 \\ 1 & 3 & 1 & 1 \\ 1 & 1 & 3 & 1 \\ 1 & 1 & 1 & 3 \end{vmatrix}$

$$\xlongequal[r_4-r_1]{\substack{r_2-r_1\\ r_3-r_1}} 6\begin{vmatrix} 1 & 1 & 1 & 1 \\ 0 & 2 & 0 & 0 \\ 0 & 0 & 2 & 0 \\ 0 & 0 & 0 & 2 \end{vmatrix}=48$$

(2) $\begin{vmatrix} 2 & 2 & 0 & 0 & 0 \\ 2 & 3 & 0 & 0 & 0 \\ 0 & 0 & 1 & 0 & 2 \\ 0 & 0 & 0 & 5 & 0 \\ 0 & 0 & 0 & 0 & 10 \end{vmatrix}=\begin{vmatrix} 2 & 2 \\ 2 & 3 \end{vmatrix}\cdot\begin{vmatrix} 1 & 0 & 2 \\ 0 & 5 & 8 \\ 0 & 0 & 10 \end{vmatrix}=2\times 50=100$

(3) $\begin{vmatrix} 5 & 7 & 0 & 0 \\ 4 & 6 & 0 & 0 \\ 0 & 0 & 2 & 5 \\ 0 & 0 & 3 & 8 \end{vmatrix}=\begin{vmatrix} 5 & 7 \\ 4 & 6 \end{vmatrix}\cdot\begin{vmatrix} 2 & 5 \\ 3 & 8 \end{vmatrix}=(30-28)(16-15)=2$

(4) $\begin{vmatrix} 1 & 3 & 0 & 0 \\ 2 & 1 & 0 & 0 \\ 0 & 0 & 1 & 0 \\ 0 & 0 & 3 & 1 \end{vmatrix}=\begin{vmatrix} 1 & 3 \\ 2 & 1 \end{vmatrix}\cdot\begin{vmatrix} 1 & 0 \\ 3 & 1 \end{vmatrix}=(-5)\times 1=-5$

(5) $\begin{vmatrix} 1 & 2 & 0 & 0 \\ -1 & 2 & 0 & 0 \\ 0 & 0 & 3 & 3 \\ 0 & 0 & 0 & 2 \end{vmatrix}=\begin{vmatrix} 1 & 2 \\ -1 & 2 \end{vmatrix}\cdot\begin{vmatrix} 3 & 3 \\ 0 & 2 \end{vmatrix}=4\times 6=24$

(6) $\begin{vmatrix} -4 & 2 & 0 & 0 \\ 0 & 2 & 0 & 0 \\ 0 & 0 & -3 & 1 \\ 0 & 0 & 1 & 1 \end{vmatrix} = \begin{vmatrix} -4 & 2 \\ 0 & 2 \end{vmatrix} \cdot \begin{vmatrix} -3 & 1 \\ 1 & 1 \end{vmatrix} = -8 \times (-4) = 32$

(7) $\begin{vmatrix} 1 & 1 & 0 & 0 \\ 1 & -2 & 0 & 0 \\ 0 & 0 & 2 & 0 \\ 0 & 0 & -2 & 1 \end{vmatrix} = \begin{vmatrix} 1 & 1 \\ 1 & -2 \end{vmatrix} \cdot \begin{vmatrix} 2 & 0 \\ -2 & 1 \end{vmatrix} = (-2-1) \times 2 = -6$

四、证明题

14. 证明:(1)

$$D \xlongequal{r_1 - a^2 r_3} \begin{vmatrix} 0 & ab-a^2 & b^2-a^2 \\ 2a & a+b & 2b \\ 1 & 1 & 1 \end{vmatrix} \xlongequal{r_2 - 2ar_3} \begin{vmatrix} 0 & ab-a^2 & b^2-a^2 \\ 0 & b-a & 2(b-a) \\ 1 & 1 & 1 \end{vmatrix} =$$

$$(-1)^{3+1} \begin{vmatrix} ab-a^2 & b^2-a^2 \\ b-a & 2(b-a) \end{vmatrix} = (a-b)^2 \begin{vmatrix} a & a+b \\ 1 & 2 \end{vmatrix} = (a-b)^3 = 右$$

(2) $左 = \begin{vmatrix} ax & ay+bz & az+bx \\ ay & az+bx & ax+by \\ az & ax+by & ay+bz \end{vmatrix} + \begin{vmatrix} by & ay+bz & az+bx \\ bz & az+bx & ax+by \\ bx & ax+by & ay+bz \end{vmatrix} =$

$$\begin{vmatrix} ax & ay & az+bx \\ ay & az & ax+by \\ az & ax & ay+bz \end{vmatrix} + \begin{vmatrix} ax & bz & az+bx \\ ay & bx & ax+by \\ az & by & ay+bz \end{vmatrix} +$$

$$\begin{vmatrix} by & ay & az+bx \\ bz & az & ax+by \\ bx & ax & ay+bz \end{vmatrix} + \begin{vmatrix} by & bz & az+bx \\ bz & bx & ax+by \\ bx & by & ay+bz \end{vmatrix} =$$

$$a^3 \begin{vmatrix} x & y & z \\ y & z & x \\ z & x & y \end{vmatrix} + b^3 \begin{vmatrix} y & z & x \\ z & x & y \\ x & y & z \end{vmatrix} = (a^3 + b^3) \begin{vmatrix} x & y & z \\ y & z & x \\ z & x & y \end{vmatrix} = 右$$

第 2 章 矩阵及其运算

一、本章重点

(1) 熟练掌握矩阵的基本运算，并熟悉运算律；

(2) 掌握矩阵的逆矩阵的定义，并会求可逆矩阵的逆矩阵；

(3) 掌握 Cramer 法则；

(4) 熟悉重要性质及公式；

(5) 矩阵间的相乘不满足交换律和消去律；

(6) 利用分块法计算方阵的行列式和逆矩阵.

二、基本知识

1. **定义 1**　把 mn 个数 $a_{ij}(i=1,2,\cdots,m;j=1,2,\cdots,n)$ 排成一个矩形的样子如下：

$$\begin{pmatrix} a_{11} & a_{12} & \cdots & a_{1n} \\ a_{21} & a_{22} & \cdots & a_{2n} \\ \vdots & \vdots & & \vdots \\ a_{m1} & a_{m2} & \cdots & a_{mn} \end{pmatrix}$$

则这 mn 个数及其相对位置在一起的这个整体就称为一个 m 行 n 列矩阵，也称为 $m\times n$ 矩阵. 横的各排称为矩阵的行，纵的各排称为矩阵的列；a_{ij} 称为此矩阵的第 i 行第 j 列的元素，或称为(i,j) 位置的元素. 通常用一个大写的黑斜体英文字母 $\boldsymbol{A},\boldsymbol{B},\boldsymbol{C},\cdots,\boldsymbol{E},\cdots$ 来表示一个矩阵，上面的矩阵就可以表示成 $\boldsymbol{A}$，或者 $\boldsymbol{A}_{m\times n}$，或$(a_{ij})_{m\times n}$；如果 $m=n$，则 $\boldsymbol{A}$ 可简称为正方形矩阵或 n 阶方阵.

2. **定义 2**(矩阵的数乘)　数 k 乘以矩阵 $\boldsymbol{A}$ 的每一个元素而得的矩阵称为 k 与 $\boldsymbol{A}$ 的积，记作 $k\boldsymbol{A}$，或者 $\boldsymbol{A}k$，即

$$k\boldsymbol{A}=\boldsymbol{A}k=\begin{pmatrix} ka_{11} & ka_{12} & \cdots & ka_{1n} \\ ka_{21} & ka_{22} & \cdots & ka_{2n} \\ \vdots & \vdots & & \vdots \\ ka_{m1} & ka_{m2} & \cdots & ka_{mn} \end{pmatrix}$$

3. **定义 3**(矩阵的加法)　设 $\boldsymbol{A},\boldsymbol{B}$ 都是同型矩阵，把它们对应位置的元素相加而得到的矩阵称为 $\boldsymbol{A},\boldsymbol{B}$ 的和，记作 $\boldsymbol{A}+\boldsymbol{B}$，即

$$\boldsymbol{A}+\boldsymbol{B}=\begin{pmatrix} a_{11} & a_{12} & \cdots & a_{1n} \\ a_{21} & a_{22} & \cdots & a_{2n} \\ \vdots & \vdots & & \vdots \\ a_{m1} & a_{m2} & \cdots & a_{mn} \end{pmatrix}+\begin{pmatrix} b_{11} & b_{12} & \cdots & b_{1n} \\ b_{21} & b_{22} & \cdots & b_{2n} \\ \vdots & \vdots & & \vdots \\ b_{m1} & b_{m2} & \cdots & b_{mn} \end{pmatrix}=$$

$$\begin{pmatrix} a_{11}+b_{11} & a_{12}+b_{12} & \cdots & a_{1n}+b_{1n} \\ a_{21}+b_{21} & a_{22}+b_{22} & \cdots & a_{2n}+b_{2n} \\ \vdots & \vdots & & \vdots \\ a_{m1}+b_{m1} & a_{m2}+b_{m2} & \cdots & a_{mn}+b_{mn} \end{pmatrix}$$

或者

$$\boldsymbol{A}+\boldsymbol{B}=(a_{ij})_{m\times n}+(b_{ij})_{m\times n}=(a_{ij}+b_{ij})_{m\times n}$$

4. **定义 4**(矩阵的乘法)　设 $\boldsymbol{A}=(a_{ij})_{m\times p}$，$\boldsymbol{B}=(b_{ij})_{p\times n}$，规定 $\boldsymbol{A}$ 与 $\boldsymbol{B}$ 的乘积是一个 $m\times n$ 型矩阵 $\boldsymbol{C}=(c_{ij})_{m\times n}$，其中

$$c_{ij}=a_{i1}b_{1j}+a_{i2}b_{2j}+\cdots+a_{ip}b_{pj}=\sum_{k=1}^{p}a_{ik}b_{kj}\quad(i=1,2,\cdots,m;j=1,2,\cdots,n)$$

记作 $\boldsymbol{AB}=\boldsymbol{C}$.

5. **定义 5**　设 $m\times n$ 矩阵

$$\boldsymbol{A}=\begin{pmatrix} a_{11} & a_{12} & \cdots & a_{1n} \\ a_{21} & a_{22} & \cdots & a_{2n} \\ \vdots & \vdots & & \vdots \\ a_{m1} & a_{m2} & \cdots & a_{mn} \end{pmatrix}$$

把 $\boldsymbol{A}$ 的行换成列所得到的 $n\times m$ 矩阵

$$\begin{pmatrix} a_{11} & a_{21} & \cdots & a_{m1} \\ a_{12} & a_{22} & \cdots & a_{m2} \\ \vdots & \vdots & & \vdots \\ a_{1n} & a_{2n} & \cdots & a_{mn} \end{pmatrix}$$

称为 $\boldsymbol{A}$ 的转置，记为$\boldsymbol{A}^{\mathrm{T}}$.

6. **定义 6**　由 n 阶方阵 $\boldsymbol{A}$ 的元素(各元素的位置不变)所构成的行列式称为方阵 $\boldsymbol{A}$ 的行列式，记作 $|\boldsymbol{A}|$.

7. **定义 7**　令 $\boldsymbol{A}$ 是一个 n 阶矩阵，若存在一个 n 阶矩阵 $\boldsymbol{B}$，使 $\boldsymbol{AB}=\boldsymbol{BA}=\boldsymbol{E}$，那么 $\boldsymbol{A}$ 称为一个可逆矩阵(或非奇异矩阵)，而 $\boldsymbol{B}$ 称为 $\boldsymbol{A}$ 的逆矩阵.

8. 数乘矩阵满足下面的运算规律(设 $\boldsymbol{A}$，$\boldsymbol{B}$ 为同型矩阵，λ，μ 都是实数)

(1)$(\lambda\mu)\boldsymbol{A}=\lambda(\mu\boldsymbol{A})$

(2)$(\lambda+\mu)\boldsymbol{A}=\lambda\boldsymbol{A}+\mu\boldsymbol{A}$

(3)$\lambda(\boldsymbol{A}+\boldsymbol{B})=\lambda\boldsymbol{A}+\lambda\boldsymbol{B}$

9. 矩阵的加法满足下面的运算规律

(1)$\boldsymbol{A}+(\boldsymbol{B}+\boldsymbol{C})=(\boldsymbol{A}+\boldsymbol{B})+\boldsymbol{C}$

(2)$\boldsymbol{A}+\boldsymbol{B}=\boldsymbol{B}+\boldsymbol{A}$

(3)$\boldsymbol{O}+\boldsymbol{A}=\boldsymbol{A}$

(4) 对于任意矩阵 $\boldsymbol{A}$,都存在同型矩阵 $-\boldsymbol{A}$,使 $\boldsymbol{A}+(-\boldsymbol{A})=\boldsymbol{O}$

于是有 $\overbrace{\boldsymbol{A}+\boldsymbol{A}+\cdots+\boldsymbol{A}}^{m}=m\boldsymbol{A}$,$\boldsymbol{A}-\boldsymbol{B}=\boldsymbol{A}+(-\boldsymbol{B})$

10.矩阵的乘法满足下面的运算规律

(1)$\boldsymbol{A}(\boldsymbol{BC})=\boldsymbol{A}(\boldsymbol{BC})$

(2)$k(\boldsymbol{AB})=(k\boldsymbol{A})\boldsymbol{B}=\boldsymbol{A}(k\boldsymbol{B})(k\in\mathbf{R})$

(3)$\boldsymbol{A}(\boldsymbol{B}+\boldsymbol{C})=\boldsymbol{AB}+\boldsymbol{AC}$,$(\boldsymbol{B}+\boldsymbol{C})\boldsymbol{A}=\boldsymbol{BA}+\boldsymbol{CA}$

(4) $\boldsymbol{E}_m\boldsymbol{A}_{m\times n}=\boldsymbol{A}_{m\times n}$,$\boldsymbol{A}_{m\times n}\boldsymbol{E}_n=\boldsymbol{A}_{m\times n}$;

(5) 若 $\boldsymbol{AB}=\boldsymbol{O}$,未必有 $\boldsymbol{A}=\boldsymbol{O}$ 或者 $\boldsymbol{B}=\boldsymbol{O}$;

$\boldsymbol{A}\neq\boldsymbol{O}$,$\boldsymbol{B}\neq\boldsymbol{O}$,可能有 $\boldsymbol{AB}=\boldsymbol{O}$;

(6) $\boldsymbol{A}^0=\boldsymbol{E}$,$\boldsymbol{A}=\boldsymbol{A}^1$,$\boldsymbol{AA}=\boldsymbol{A}^2$,$\cdots$,$\overbrace{\boldsymbol{A}\cdot\boldsymbol{A}\cdot\cdots\cdot\boldsymbol{A}}^{n}=\boldsymbol{A}^n$

$$\boldsymbol{A}^m\cdot\boldsymbol{A}^n=\boldsymbol{A}^{m+n}=\boldsymbol{A}^{n+m}=\boldsymbol{A}^n\cdot\boldsymbol{A}^m,\quad(\boldsymbol{A}^m)^n=\boldsymbol{A}^{mn}$$

11.转置矩阵的性质

(1) $(\boldsymbol{A}^{\mathrm{T}})^{\mathrm{T}}=\boldsymbol{A}$

(2) $(k\boldsymbol{A})^{\mathrm{T}}=k\boldsymbol{A}^{\mathrm{T}}$

(3) $(\boldsymbol{A}+\boldsymbol{B})^{\mathrm{T}}=\boldsymbol{A}^{\mathrm{T}}+\boldsymbol{B}^{\mathrm{T}}$

(4) $(\boldsymbol{AB})^{\mathrm{T}}=\boldsymbol{B}^{\mathrm{T}}\boldsymbol{A}^{\mathrm{T}}$

12.逆矩阵的性质

(1) $\boldsymbol{A}^{-1}=\dfrac{1}{|\boldsymbol{A}|}\boldsymbol{A}^*$

(2) $(\boldsymbol{A}^{-1})^{-1}=\boldsymbol{A}$

(3) $(k\boldsymbol{A})^{-1}=\dfrac{1}{k}\boldsymbol{A}^{-1}(k\neq0)$

(4) $(\boldsymbol{AB})^{-1}=\boldsymbol{B}^{-1}\boldsymbol{A}^{-1}$

(5) $(\boldsymbol{A}^{\mathrm{T}})^{-1}=(\boldsymbol{A}^{-1})^{\mathrm{T}}$

(6) $|\boldsymbol{A}^{-1}|=\dfrac{1}{|\boldsymbol{A}|}$

13.伴随矩阵的性质

(1)$\boldsymbol{AA}^*=\boldsymbol{A}^*\boldsymbol{A}=|\boldsymbol{A}|\boldsymbol{E}$

(2) $(\boldsymbol{A}^*)^{-1}=(\boldsymbol{A}^{-1})^*$

(3) $(\boldsymbol{A}^*)^{-1}=\dfrac{\boldsymbol{A}}{|\boldsymbol{A}|}$

(4) $(\boldsymbol{AB})^*=\boldsymbol{B}^*\boldsymbol{A}^*$

(5) $\boldsymbol{A}^*=|\boldsymbol{A}|\boldsymbol{A}^{-1}$,$|\boldsymbol{A}^*|=|\boldsymbol{A}|^{n-1}$

(6) $(\boldsymbol{A}^*)^*=|\boldsymbol{A}^*|(\boldsymbol{A}^*)^{-1}=|\boldsymbol{A}|^{n-1}(|\boldsymbol{A}|\boldsymbol{A}^{-1})^{-1}=|\boldsymbol{A}|^{n-2}\boldsymbol{A}(n\geqslant3)$

14.分块矩阵的性质(设 $\boldsymbol{A}$,$\boldsymbol{B}$ 都可逆)

(1) $\begin{pmatrix}\boldsymbol{A}&\boldsymbol{O}\\\boldsymbol{O}&\boldsymbol{B}\end{pmatrix}^{-1}=\begin{bmatrix}\boldsymbol{A}^{-1}&\boldsymbol{O}\\\boldsymbol{O}&\boldsymbol{B}^{-1}\end{bmatrix}$

(2) $\begin{pmatrix} O & A \\ B & O \end{pmatrix}^{-1} = \begin{pmatrix} O & B^{-1} \\ A^{-1} & O \end{pmatrix}$

(3) $\begin{pmatrix} A & C \\ O & B \end{pmatrix}^{-1} = \begin{pmatrix} A^{-1} & -A^{-1}CB^{-1} \\ O & B^{-1} \end{pmatrix}$

(4) $\begin{pmatrix} A & O \\ C & B \end{pmatrix}^{-1} = \begin{pmatrix} A^{-1} & O \\ -B^{-1}CA^{-1} & B^{-1} \end{pmatrix}$

2.1　矩阵的概念与运算

一、基本要求

(1) 理解矩阵的概念；

(2) 掌握矩阵的数乘、加法及其乘法；

(3) 掌握矩阵的转置.

二、知识考点概述

(1) 矩阵.

把 mn 个数 $a_{ij}(i=1,2,\cdots,m;j=1,2,\cdots,n)$ 排成一个矩形如下：

$$\begin{pmatrix} a_{11} & a_{12} & \cdots & a_{1n} \\ a_{21} & a_{22} & \cdots & a_{2n} \\ \vdots & \vdots & & \vdots \\ a_{m1} & a_{m2} & \cdots & a_{mn} \end{pmatrix}$$

则这 mn 个数及其相对位置在一起的这个整体就称为一个 m 行 n 列矩阵，也称为 $m\times n$ 矩阵. a_{ij} 称为此矩阵的第 i 行第 j 列的元素，或称为 (i,j) 位置的元素. 通常用一个大写的英文字母 $A,B,C,\cdots,E\cdots$ 表示一个矩阵，上面的矩阵就可以表示成 A，或者 $A_{m\times n}$，或 $(a_{ij})_{m\times n}$；如果 $m=n$，则 A 可简称为正方形矩阵或 n 阶方阵.

注　① 元素都是零的矩阵称为零矩阵，用大写的黑斜体英文字母 O 表示，即 $O=(0)_{m\times n}$ 或 $O=(0)_{n\times n}$；

② 在 n 阶矩阵中，如果只有对角线上的元素不为零，则称为对角矩阵，一般用大写的黑斜体希腊字母 Λ 表示，即

$$\Lambda = \begin{pmatrix} a_1 & & & \\ & a_2 & & \\ & & \ddots & \\ & & & a_n \end{pmatrix}$$

或者用 $\mathbf{diag}(a_1 \quad a_2 \quad \cdots \quad a_n)$ 表示.

③ 在对角矩阵中，如果对角线上的元素都是 1，就称它为单位矩阵，一般用大写的黑斜体英文字母 E 表示，即

$$E = \begin{pmatrix} 1 & & & \\ & 1 & & \\ & & \ddots & \\ & & & 1 \end{pmatrix}$$

(2) 行向量、列向量.

$(a_{11}\quad a_{12}\quad \cdots\quad a_{1n})$ 可以简称为一个 n 元行矩阵,也称为 n 元行向量;

$\begin{pmatrix} a_{11} \\ a_{21} \\ \vdots \\ a_{m1} \end{pmatrix}$ 称为一个 m 元列矩阵或称为 m 元列向量.

(3) 矩阵的运算.

① 矩阵的数乘.

$$kA = Ak = \begin{pmatrix} ka_{11} & ka_{12} & \cdots & ka_{1n} \\ ka_{21} & ka_{22} & \cdots & ka_{2n} \\ \vdots & \vdots & & \vdots \\ ka_{m1} & ka_{m2} & \cdots & ka_{mn} \end{pmatrix}$$

② 矩阵数乘的运算规律.

③ 矩阵的加法(同行同列矩阵).

④ 矩阵加法的运算规律.

⑤ 矩阵的乘法.

设 $\boldsymbol{A}=(a_{ij})_{m\times p}$,$\boldsymbol{B}=(b_{ij})_{p\times n}$ 规定 $\boldsymbol{A}$ 与 $\boldsymbol{B}$ 的乘积是一个 $m\times n$ 型矩阵 $\boldsymbol{C}=(c_{ij})_{m\times n}$,其中

$$c_{ij}=a_{i1}b_{1j}+a_{i2}b_{2j}+\cdots+a_{ip}b_{pj}=\sum_{k=1}^{p}a_{ik}b_{kj}\quad (i=1,2,\cdots,m;j=1,2,\cdots,n)$$

记作 $\boldsymbol{AB}=\boldsymbol{C}$.

读作矩阵 $\boldsymbol{A}$ 左乘以矩阵 $\boldsymbol{B}$,或者矩阵 $\boldsymbol{B}$ 右乘以矩阵 $\boldsymbol{A}$.

⑥ 矩阵乘法的运算律.

(4) 矩阵的转置.

① 定义:设 $m\times n$ 矩阵

$$\boldsymbol{A}=\begin{pmatrix} a_{11} & a_{12} & \cdots & a_{1n} \\ a_{21} & a_{22} & \cdots & a_{2n} \\ \vdots & \vdots & & \vdots \\ a_{m1} & a_{m2} & \cdots & a_{mn} \end{pmatrix}$$

把 $\boldsymbol{A}$ 的行换成列所得到的 $n\times m$ 矩阵

$$\begin{pmatrix} a_{11} & a_{21} & \cdots & a_{m1} \\ a_{12} & a_{22} & \cdots & a_{m2} \\ \vdots & \vdots & & \vdots \\ a_{1n} & a_{2n} & \cdots & a_{mn} \end{pmatrix}$$

称为 $\boldsymbol{A}$ 的转置,记为 $\boldsymbol{A}^{\mathrm{T}}$.

② 矩阵转置的运算律.

三、典型题解

例 2.1　设矩阵 $\boldsymbol{A}=\begin{pmatrix} a+b & 2c+d \\ a-b & c-d \end{pmatrix}$，$\boldsymbol{B}=\begin{pmatrix} 3 & 5 \\ 1 & 4 \end{pmatrix}$，问：$a,b,c,d$ 为何值时，$\boldsymbol{A}=\boldsymbol{B}$？

解　两个矩阵相等，必须每一个元素均相等，则

$$\begin{cases} a+b=3 \\ a-b=1 \end{cases} \quad \begin{cases} 2c+d=5 \\ c-d=4 \end{cases}$$

解得 $a=2,b=1,c=3,d=-1$.

例 2.2　若 $\boldsymbol{X}$ 满足 $(2\boldsymbol{A}-\boldsymbol{X})+2(\boldsymbol{X}-\boldsymbol{B}^{\mathrm{T}})=\boldsymbol{O}$，其中 $\boldsymbol{A}=\begin{pmatrix} -5 & 2 & 6 & 1 \\ 8 & -9 & 0 & 3 \\ 3 & 0 & -3 & 2 \end{pmatrix}$，

$\boldsymbol{B}=\begin{pmatrix} -4 & 7 & 3 \\ 2 & -8 & 0 \\ 3 & 0 & -2 \\ 1 & 5 & 0 \end{pmatrix}$. 求 $\boldsymbol{X}$.

解　由已知可得

$$\boldsymbol{X}=2\boldsymbol{B}^{\mathrm{T}}-2\boldsymbol{A}=2\begin{pmatrix} -4 & 2 & 3 & 1 \\ 7 & -8 & 0 & 5 \\ 3 & 0 & -2 & 0 \end{pmatrix}-2\begin{pmatrix} -5 & 2 & 6 & 1 \\ 8 & -9 & 0 & 3 \\ 3 & 0 & -3 & 2 \end{pmatrix}=$$

$$\begin{pmatrix} 2 & 0 & -6 & 0 \\ -2 & 2 & 0 & 4 \\ 0 & 0 & 2 & -4 \end{pmatrix}$$

例 2.3　$\boldsymbol{A}=\begin{pmatrix} 5 & -2 & 1 \\ 3 & 4 & -1 \end{pmatrix}$，$\boldsymbol{B}=\begin{pmatrix} -3 & 2 & 0 \\ -2 & 0 & 1 \end{pmatrix}$，计算 $\boldsymbol{AB}^{\mathrm{T}},\boldsymbol{B}^{\mathrm{T}}\boldsymbol{A},\boldsymbol{AA}^{\mathrm{T}},\boldsymbol{BB}^{\mathrm{T}}+\boldsymbol{AB}^{\mathrm{T}}$.

解

$$\boldsymbol{AB}^{\mathrm{T}}=\begin{pmatrix} 5 & -2 & 1 \\ 3 & 4 & -1 \end{pmatrix}\begin{pmatrix} -3 & -2 \\ 2 & 0 \\ 0 & 1 \end{pmatrix}=\begin{pmatrix} -19 & -9 \\ -1 & -7 \end{pmatrix}$$

$$\boldsymbol{B}^{\mathrm{T}}\boldsymbol{A}=\begin{pmatrix} -3 & -2 \\ 2 & 0 \\ 0 & 1 \end{pmatrix}\begin{pmatrix} 5 & -2 & 1 \\ 3 & 4 & -1 \end{pmatrix}=\begin{pmatrix} -21 & -2 & -1 \\ 10 & -4 & 2 \\ 3 & 4 & -1 \end{pmatrix}$$

$$\boldsymbol{AA}^{\mathrm{T}}=\begin{pmatrix} 5 & -2 & 1 \\ 3 & 4 & -1 \end{pmatrix}\begin{pmatrix} 5 & 3 \\ -2 & 4 \\ 1 & -1 \end{pmatrix}=\begin{pmatrix} 30 & 6 \\ 6 & 26 \end{pmatrix}$$

$$\boldsymbol{BB}^{\mathrm{T}}+\boldsymbol{AB}^{\mathrm{T}}=\begin{pmatrix} -3 & 2 & 0 \\ -2 & 0 & 1 \end{pmatrix}\begin{pmatrix} -3 & -2 \\ 2 & 0 \\ 0 & 1 \end{pmatrix}+\begin{pmatrix} -19 & -9 \\ -1 & -7 \end{pmatrix}=$$

$$\begin{pmatrix} 13 & 6 \\ 6 & 5 \end{pmatrix}+\begin{pmatrix} -19 & -9 \\ -1 & -7 \end{pmatrix}=\begin{pmatrix} -6 & -3 \\ 5 & -2 \end{pmatrix}$$

例 2.4 设 n 维行向量 $\boldsymbol{\alpha}=\begin{pmatrix}\frac{1}{2} & 0 & \cdots & 0 & \frac{1}{2}\end{pmatrix}$，矩阵 $\boldsymbol{A}=\boldsymbol{E}-\boldsymbol{\alpha}^{\mathrm{T}}\boldsymbol{\alpha}$，$\boldsymbol{B}=\boldsymbol{E}+2\boldsymbol{\alpha}^{\mathrm{T}}\boldsymbol{\alpha}$，其中 $\boldsymbol{E}$ 为 n 阶单位矩阵，则 $\boldsymbol{AB}=$________.

A. $\boldsymbol{O}$　　B. $-\boldsymbol{E}$　　C. $\boldsymbol{E}$　　D. $\boldsymbol{E}+\boldsymbol{\alpha}^{\mathrm{T}}\boldsymbol{\alpha}$

答案 C

分析 $\boldsymbol{\alpha}\boldsymbol{\alpha}^{\mathrm{T}}=\begin{pmatrix}\frac{1}{2} & 0 & \cdots & 0 & \frac{1}{2}\end{pmatrix}\begin{pmatrix}\frac{1}{2}\\0\\\vdots\\0\\\frac{1}{2}\end{pmatrix}=\frac{1}{2}$

$$\boldsymbol{AB}=(\boldsymbol{E}-\boldsymbol{\alpha}^{\mathrm{T}}\boldsymbol{\alpha})(\boldsymbol{E}+2\boldsymbol{\alpha}^{\mathrm{T}}\boldsymbol{\alpha})=\boldsymbol{E}-\boldsymbol{\alpha}^{\mathrm{T}}\boldsymbol{\alpha}+2\boldsymbol{\alpha}^{\mathrm{T}}\boldsymbol{\alpha}-2\boldsymbol{\alpha}^{\mathrm{T}}\boldsymbol{\alpha}\boldsymbol{\alpha}^{\mathrm{T}}\boldsymbol{\alpha}=$$
$$\boldsymbol{E}+\boldsymbol{\alpha}^{\mathrm{T}}\boldsymbol{\alpha}-2\boldsymbol{\alpha}^{\mathrm{T}}(\boldsymbol{\alpha}\boldsymbol{\alpha}^{\mathrm{T}})\boldsymbol{\alpha}=\boldsymbol{E}+\boldsymbol{\alpha}^{\mathrm{T}}\boldsymbol{\alpha}-2\boldsymbol{\alpha}^{\mathrm{T}}\ \frac{1}{2}\boldsymbol{\alpha}=\boldsymbol{E}$$

例 2.5 求矩阵

$$\boldsymbol{A}=\begin{pmatrix}1 & 0 & 3 & -1\\2 & 1 & 0 & 2\end{pmatrix}\quad 与\quad \boldsymbol{B}=\begin{pmatrix}4 & 1 & 0\\-1 & 1 & 3\\2 & 0 & 11\\1 & 3 & 4\end{pmatrix}$$

的乘积.

解 $\boldsymbol{C}=\boldsymbol{AB}=\begin{pmatrix}1 & 0 & 3 & -1\\2 & 1 & 0 & 2\end{pmatrix}\begin{pmatrix}4 & 1 & 0\\-1 & 1 & 3\\2 & 0 & 11\\1 & 3 & 4\end{pmatrix}=\begin{pmatrix}9 & -2 & -29\\9 & 9 & 11\end{pmatrix}$

例 2.6 求矩阵

$$\boldsymbol{A}=\begin{pmatrix}-2 & 4\\1 & -2\end{pmatrix}\quad 与\quad \boldsymbol{B}=\begin{pmatrix}2 & 4\\-3 & -6\end{pmatrix}$$

的乘积 $\boldsymbol{AB}$ 与 $\boldsymbol{BA}$.

解 $\boldsymbol{AB}=\begin{pmatrix}-2 & 4\\1 & -2\end{pmatrix}\begin{pmatrix}2 & 4\\-3 & -6\end{pmatrix}=\begin{pmatrix}-16 & -32\\8 & 16\end{pmatrix}$

$\boldsymbol{BA}=\begin{pmatrix}2 & 4\\-3 & -6\end{pmatrix}\begin{pmatrix}-2 & 4\\1 & -2\end{pmatrix}=\begin{pmatrix}0 & 0\\0 & 0\end{pmatrix}\neq\boldsymbol{AB}$

例 2.7 证明

$$\begin{pmatrix}\cos\varphi & -\sin\varphi\\\sin\varphi & \cos\varphi\end{pmatrix}^{n}=\begin{pmatrix}\cos n\varphi & -\sin n\varphi\\\sin n\varphi & \cos n\varphi\end{pmatrix}$$

证明 用数学归纳法，$n=1$ 时显然成立，设 $n=k$ 时成立，即

$$\begin{pmatrix}\cos\varphi & -\sin\varphi\\\sin\varphi & \cos\varphi\end{pmatrix}^{k}=\begin{pmatrix}\cos k\varphi & -\sin k\varphi\\\sin k\varphi & \cos k\varphi\end{pmatrix}$$

当 $n=k+1$ 时，有

$$\begin{pmatrix}\cos\varphi & -\sin\varphi\\ \sin\varphi & \cos\varphi\end{pmatrix}^{k+1}=\begin{pmatrix}\cos k\varphi & -\sin k\varphi\\ \sin k\varphi & \cos k\varphi\end{pmatrix}\begin{pmatrix}\cos\varphi & -\sin\varphi\\ \sin\varphi & \cos\varphi\end{pmatrix}=$$

$$\begin{pmatrix}\cos k\varphi\cos\varphi-\sin k\varphi\sin\varphi & -\sin k\varphi\cos\varphi-\cos k\varphi\sin\varphi\\ \sin k\varphi\cos\varphi+\cos k\varphi\sin\varphi & \cos k\varphi\cos\varphi-\sin k\varphi\sin\varphi\end{pmatrix}=$$

$$\begin{pmatrix}\cos(k+1)\varphi & -\sin(k+1)\varphi\\ \sin(k+1)\varphi & \cos(k+1)\varphi\end{pmatrix}$$

等式得证.

例 2.8　$\boldsymbol{A}=\begin{pmatrix}2 & 0 & -1\\ 1 & 3 & 2\end{pmatrix}$，$\boldsymbol{B}=\begin{pmatrix}1 & 7 & -1\\ 4 & 2 & 3\\ 2 & 0 & 1\end{pmatrix}$，求 $(\boldsymbol{AB})^{\mathrm{T}}$.

解　因为

$$\boldsymbol{AB}=\begin{pmatrix}2 & 0 & -1\\ 1 & 3 & 2\end{pmatrix}\begin{pmatrix}1 & 7 & -1\\ 4 & 2 & 3\\ 2 & 0 & 1\end{pmatrix}=\begin{pmatrix}0 & 14 & -3\\ 17 & 13 & 10\end{pmatrix}$$

所以

$$(\boldsymbol{AB})^{\mathrm{T}}=\begin{pmatrix}0 & 17\\ 14 & 13\\ -3 & 10\end{pmatrix}$$

例 2.9　$\boldsymbol{A}$ 为任意 $m\times n$ 矩阵，证明：$\boldsymbol{A}^{\mathrm{T}}\boldsymbol{A}$ 是对称矩阵.

分析　要证明某个矩阵是对称阵，只要根据定义证明这个矩阵的转置与它本身相等即可.

证明　$(\boldsymbol{A}^{\mathrm{T}}\boldsymbol{A})^{\mathrm{T}}=\boldsymbol{A}^{\mathrm{T}}(\boldsymbol{A}^{\mathrm{T}})^{\mathrm{T}}=\boldsymbol{A}^{\mathrm{T}}\boldsymbol{A}$，所以 $\boldsymbol{A}^{\mathrm{T}}\boldsymbol{A}$ 是对称矩阵.

例 2.10　$\boldsymbol{A}$ 为 n 阶反对称矩阵，则 $\boldsymbol{A}^2$ 是(　　)

A. 对称矩阵　　B. 反对称矩阵　　C. 零矩阵　　D. 单位矩阵

答案　A

分析　$\boldsymbol{A}^{\mathrm{T}}=-\boldsymbol{A}$

$(\boldsymbol{A}^2)^{\mathrm{T}}=(\boldsymbol{AA})^{\mathrm{T}}=\boldsymbol{A}^{\mathrm{T}}\boldsymbol{A}^{\mathrm{T}}=(-\boldsymbol{A})(-\boldsymbol{A})=\boldsymbol{A}^2$，所以，$\boldsymbol{A}^2$ 是对称矩阵.

例 2.11　$\boldsymbol{A}$ 为 n 阶反对称矩阵，则有

A. $|\boldsymbol{A}|=0$　　B. $\boldsymbol{A}^{\mathrm{T}}+\boldsymbol{A}=\boldsymbol{O}$　　C. $\boldsymbol{A}^{\mathrm{T}}+\boldsymbol{A}=2\boldsymbol{A}$　　D. $\boldsymbol{A}^2$ 反对称

答案　B

分析　$\boldsymbol{A}^{\mathrm{T}}=-\boldsymbol{A}$，所以 $\boldsymbol{A}^{\mathrm{T}}+\boldsymbol{A}=\boldsymbol{O}$.

2.2　矩阵乘积的行列式及逆矩阵

一、基本要求

(1) 掌握 n 阶方阵的行列式；

(2) 掌握逆矩阵的定义及其性质定理；

(3) 掌握 Cramer 法则.

二、知识考点概述

(1) 方阵的行列式.

① 定义:由 n 阶方阵 $\boldsymbol{A}$ 的元素(各元素的位置不变)所构成的行列式称为方阵 $\boldsymbol{A}$ 的行列式,记为 $|\boldsymbol{A}|$.

② 方阵行列式的运算规律.

a. $|\boldsymbol{A}^{\mathrm{T}}|=|\boldsymbol{A}|$;

b. $|k\boldsymbol{A}|=k^n|\boldsymbol{A}|$;

c. $|\boldsymbol{AB}|=|\boldsymbol{A}||\boldsymbol{B}|$.

③ 伴随矩阵的性质.

(2) 逆矩阵.

① 定义:令 $\boldsymbol{A}$ 是一个 n 阶矩阵,若存在一个 n 阶矩阵 $\boldsymbol{B}$,使 $\boldsymbol{AB}=\boldsymbol{BA}=\boldsymbol{E}$,那么 $\boldsymbol{A}$ 称为一个可逆矩阵(或非奇异矩阵),而 $\boldsymbol{B}$ 称为 $\boldsymbol{A}$ 的逆矩阵.

如果 $\boldsymbol{A}$ 可逆,那么它的逆矩阵由 $\boldsymbol{A}$ 唯一确定.

② 逆矩阵的性质定理.

a. 若 $\boldsymbol{A}$ 可逆,则有 $|\boldsymbol{A}|\neq 0$,并且 $|\boldsymbol{A}^{-1}|=\dfrac{1}{|\boldsymbol{A}|}$;

b. 可逆矩阵 $\boldsymbol{A}$ 的逆矩阵 $\boldsymbol{A}^{-1}$ 也可逆,并且 $(\boldsymbol{A}^{-1})^{-1}=\boldsymbol{A}$;

c. 两个可逆矩阵 $\boldsymbol{A}$ 和 $\boldsymbol{B}$ 的乘积也可逆,并且 $(\boldsymbol{AB})^{-1}=\boldsymbol{B}^{-1}\boldsymbol{A}^{-1}$;

d. 可逆矩阵 $\boldsymbol{A}$ 的转置也可逆,并且 $(\boldsymbol{A}^{\mathrm{T}})^{-1}=(\boldsymbol{A}^{-1})^{\mathrm{T}}$;

e. 若 $\boldsymbol{A}$ 可逆,$k\neq 0$,则 $k\boldsymbol{A}$ 可逆,并且 $(k\boldsymbol{A})^{-1}=\dfrac{1}{k}\boldsymbol{A}^{-1}$;

f. 设 $\boldsymbol{\Lambda}=\mathrm{diag}(d_1\quad d_2\quad \cdots\quad d_n)(d_i\neq 0,i=1,2,\cdots,n)$, 则 $\boldsymbol{\Lambda}^{-1}=\mathrm{diag}\left(\dfrac{1}{d_1}\quad \dfrac{1}{d_2}\quad \cdots\quad \dfrac{1}{d_n}\right)$;

g. n 阶矩阵 $\boldsymbol{A}$ 可逆 $\Leftrightarrow|\boldsymbol{A}|\neq 0$,并且 $\boldsymbol{A}^{-1}=\dfrac{1}{|\boldsymbol{A}|}\boldsymbol{A}^*$,其中 $\boldsymbol{A}^*$ 为 $\boldsymbol{A}$ 的伴随矩阵;

h. 设若 n 阶矩阵 $\boldsymbol{A}$ 可逆,则 $\boldsymbol{A}$ 的伴随矩阵 $\boldsymbol{A}^*$ 也可逆,并且 $(\boldsymbol{A}^*)^{-1}=(\boldsymbol{A}^{-1})^*$.

(3)Cramer 法则.

设 n 元线性方程组:

$$\begin{cases}a_{11}x_1+a_{12}x_2+\cdots+a_{1n}x_n=b_1\\ a_{21}x_1+a_{22}x_2+\cdots+a_{2n}x_n=b_2\\ \qquad\qquad\vdots\\ a_{n1}x_1+a_{n2}x_2+\cdots+a_{nn}x_n=b_n\end{cases}$$

当 $b_1,b_2,\cdots,b_n$ 全为零时,称为齐次线性方程组;否则,称为非齐次线性方程组.

(1) 如果方程组的系数行列式 $D\neq 0$,那么它有唯一解:$x_i=\dfrac{D_i}{D}(i=1,2,\cdots,n)$,其中 $D_i(i=1,2,\cdots,n)$ 是把 D 中第 i 列元素用方程组的右端的自由项替代后所得到的 n 阶行列式.

(2) 如果线性方程组无解或有两个不同的解，那么它的系数行列式 $D=0$.

(3) 如果齐次线性方程组的系数行列式 $D\neq 0$，那么它只有零解；如果齐次线性方程组有非零解，那么它的系数行列式必定等于零.

用 Cramer 法则解线性方程组的两个条件：方程个数等于未知元个数；系数行列式不等于零.

Cramer 法则的意义主要在于建立了线性方程组的解和已知的系数以及常数项之间的关系. 它主要适用于理论推导.

三、典型题解

例 2.12　设 $\boldsymbol{A},\boldsymbol{B}$ 均为 3 阶方阵，且 $|\boldsymbol{A}|=\frac{1}{3}$，$|\boldsymbol{B}|=2$，则 $|2\boldsymbol{B}^{\mathrm{T}}\boldsymbol{A}|=$________.

分析　$\boldsymbol{B}^{\mathrm{T}}\boldsymbol{A}$ 也是 3 阶方阵，

$$|2\boldsymbol{B}^{\mathrm{T}}\boldsymbol{A}|=2^3|\boldsymbol{B}^{\mathrm{T}}\boldsymbol{A}|=2^3|\boldsymbol{B}^{\mathrm{T}}||\boldsymbol{A}|=2^3|\boldsymbol{B}||\boldsymbol{A}|=2^3\times 2\times\frac{1}{3}=\frac{16}{3}$$

例 2.13　$\boldsymbol{A}=\begin{pmatrix}\alpha_1 & b_1 & c_1\\ \alpha_2 & b_2 & c_2\\ \alpha_3 & b_3 & c_3\end{pmatrix}$，$\boldsymbol{B}=\begin{pmatrix}\alpha_1 & b_1 & d_1\\ \alpha_2 & b_2 & d_2\\ \alpha_3 & b_3 & d_3\end{pmatrix}$ 且 $|\boldsymbol{A}|=4$，$|\boldsymbol{B}|=1$，则 $|\boldsymbol{A}+\boldsymbol{B}|=$

________.

分析

$$|\boldsymbol{A}+\boldsymbol{B}|=\begin{vmatrix}2\alpha_1 & 2b_1 & c_1+d_1\\ 2\alpha_2 & 2b_2 & c_2+d_2\\ 2\alpha_3 & 2b_3 & c_3+d_3\end{vmatrix}=4\begin{vmatrix}\alpha_1 & b_1 & c_1+d_1\\ \alpha_2 & b_2 & c_2+d_2\\ \alpha_3 & b_3 & c_3+d_3\end{vmatrix}=$$

$$4\begin{vmatrix}\alpha_1 & b_1 & c_1\\ \alpha_2 & b_2 & c_2\\ \alpha_3 & b_3 & c_3\end{vmatrix}+4\begin{vmatrix}\alpha_1 & b_1 & d_1\\ \alpha_2 & b_2 & d_2\\ \alpha_3 & b_3 & d_3\end{vmatrix}=4|\boldsymbol{A}|+4|\boldsymbol{B}|=20$$

例 2.14　$\boldsymbol{A},\boldsymbol{B}$ 均为 n 阶方阵，满足 $\boldsymbol{AB}=\boldsymbol{O}$，则必有(　　)

A. $|\boldsymbol{A}|=0$ 或 $|\boldsymbol{B}|=0$　　　B. $\boldsymbol{A}=\boldsymbol{O}$ 或 $\boldsymbol{B}=\boldsymbol{O}$

C. $\boldsymbol{A}+\boldsymbol{B}=\boldsymbol{O}$　　　D. $|\boldsymbol{A}|+|\boldsymbol{B}|=0$

分析　当 $\boldsymbol{A},\boldsymbol{B}$ 都不是零矩阵时，也可能有 $\boldsymbol{AB}=\boldsymbol{O}$，因此由 $\boldsymbol{AB}=\boldsymbol{O}$ 却不一定推得 $\boldsymbol{A}=\boldsymbol{O}$ 或 $\boldsymbol{B}=\boldsymbol{O}$ 的结论. 但肯定有 $|\boldsymbol{A}|=0$ 或 $|\boldsymbol{B}|=0$. 不然的话，若 $|\boldsymbol{A}|\neq 0$ 且 $|\boldsymbol{B}|\neq 0$，那么 $|\boldsymbol{AB}|=|\boldsymbol{A}||\boldsymbol{B}|\neq 0$，则不能使 $\boldsymbol{AB}=\boldsymbol{O}$.

例 2.15　设 $\boldsymbol{A}$ 为 n 阶方阵，(Ⅰ)表示 $\boldsymbol{AA}^*\neq\boldsymbol{O}$，(Ⅱ)表示 $\boldsymbol{A}^*\neq\boldsymbol{O}$，则 $\boldsymbol{A}$ 可逆的充分必要条件是(　　)

A.(Ⅰ)　　B.(Ⅱ)　　C.(Ⅰ)或(Ⅱ)　　D.(Ⅰ)连同(Ⅱ)

分析　$\boldsymbol{A}$ 可逆，则 $|\boldsymbol{A}|\neq 0$，$\boldsymbol{AA}^*=|\boldsymbol{A}|\boldsymbol{E}\neq\boldsymbol{O}$；若 $\boldsymbol{AA}^*\neq\boldsymbol{O}$，则 $|\boldsymbol{A}|\neq 0$，从而 $\boldsymbol{A}$ 可逆. 仅有 $\boldsymbol{A}^*\neq\boldsymbol{O}$，不能说明 $\boldsymbol{A}$ 可逆，故选 A.

例 2.16　$\boldsymbol{A},\boldsymbol{B}$ 均为 n 阶可逆矩阵，$(\boldsymbol{AB})^*=$________.

分析

$$\boldsymbol{A}^{-1}=\frac{1}{|\boldsymbol{A}|}\boldsymbol{A}^*,\quad \boldsymbol{B}^{-1}=\frac{1}{|\boldsymbol{B}|}\boldsymbol{B}^*$$

$$(\boldsymbol{AB})^{-1}=\frac{1}{|\boldsymbol{AB}|}(\boldsymbol{AB})^{-1}=\frac{1}{|\boldsymbol{A}||\boldsymbol{B}|}(\boldsymbol{AB})^*$$

另一方面

$$(\boldsymbol{AB})^{-1}=\boldsymbol{B}^{-1}\boldsymbol{A}^{-1}=\frac{1}{|\boldsymbol{B}|}\boldsymbol{B}^{*}\ \frac{1}{|\boldsymbol{A}|}\boldsymbol{A}^{*}=\frac{1}{|\boldsymbol{AB}|}\boldsymbol{B}^{*}\boldsymbol{A}^{*}$$

因此有 $(\boldsymbol{AB})^{*}=\boldsymbol{B}^{*}\boldsymbol{A}^{*}$

例 2.17 已知 $\boldsymbol{A}$ 为 n 阶方阵，且满足 $\boldsymbol{A}^2-3\boldsymbol{A}-4\boldsymbol{E}=\boldsymbol{O}$.

(1) 证明：$\boldsymbol{A}$ 可逆，并求 $\boldsymbol{A}^{-1}$；

(2) 若 $|\boldsymbol{A}|=2$，求 $|6\boldsymbol{A}+8\boldsymbol{E}|$ 的值.

(1) **证明** 根据 $\boldsymbol{AA}^{-1}=\boldsymbol{E}$，则 $\boldsymbol{A}$ 可逆，由 $\boldsymbol{A}^2-3\boldsymbol{A}-4\boldsymbol{E}=\boldsymbol{O}$，得 $\boldsymbol{A}^2-3\boldsymbol{A}=4\boldsymbol{E}$

所以有 $\frac{1}{4}\boldsymbol{A}^2-\frac{3}{4}\boldsymbol{A}=\boldsymbol{E}$，即 $\boldsymbol{A}(\frac{1}{4}\boldsymbol{A}-\frac{3}{4}\boldsymbol{E})=\boldsymbol{E}$，因此 $\boldsymbol{A}$ 可逆，且

$$\boldsymbol{A}^{-1}=\frac{1}{4}\boldsymbol{A}-\frac{3}{4}\boldsymbol{E}$$

(2) **解** 由 $\boldsymbol{A}^2-3\boldsymbol{A}-4\boldsymbol{E}=\boldsymbol{O}$，得 $3\boldsymbol{A}+4\boldsymbol{E}=\boldsymbol{A}^2$

因此 $|6\boldsymbol{A}+8\boldsymbol{E}|=|2(3\boldsymbol{A}+4\boldsymbol{E})|=2^n|3\boldsymbol{A}+4\boldsymbol{E}|=2^n|\boldsymbol{A}^2|=2^n\ |\boldsymbol{A}|^2=2^{n+2}$

例 2.18 设矩阵 $\boldsymbol{A}=\begin{pmatrix}1&0&1\\0&2&0\\1&0&1\end{pmatrix}$，矩阵 $\boldsymbol{X}$ 满足 $\boldsymbol{AX}+\boldsymbol{E}=\boldsymbol{A}^2+\boldsymbol{X}$，试求 $\boldsymbol{X}$.

解 由 $\boldsymbol{AX}+\boldsymbol{E}=\boldsymbol{A}^2+\boldsymbol{X}$，化简可得 $(\boldsymbol{A}-\boldsymbol{E})\boldsymbol{X}=\boldsymbol{A}^2-\boldsymbol{E}=(\boldsymbol{A}-\boldsymbol{E})(\boldsymbol{A}+\boldsymbol{E})$

由于 $\boldsymbol{A}-\boldsymbol{E}=\begin{pmatrix}0&0&1\\0&1&0\\1&0&0\end{pmatrix}$ 可逆，两端同时左乘 $(\boldsymbol{A}-\boldsymbol{E})^{-1}$，

$$\boldsymbol{X}=\boldsymbol{A}+\boldsymbol{E}=\begin{pmatrix}2&0&1\\0&3&0\\1&0&2\end{pmatrix}$$

例 2.19 给定矩阵 $\boldsymbol{A}=\begin{pmatrix}1&-1&-1\\2&-1&-3\\-3&4&4\end{pmatrix}$，试用两种方法计算 $\boldsymbol{A}^{-1}$.

解 伴随矩阵法

$|\boldsymbol{A}|=2\neq 0$，所以 $\boldsymbol{A}$ 可逆.

$$A_{11}=8,\quad A_{12}=1,\quad A_{13}=5,\quad A_{21}=0,\quad A_{22}=1,$$
$$A_{23}=-1,\quad A_{31}=2,\quad A_{32}=1,\quad A_{33}=1$$

$$\boldsymbol{A}^{*}=\begin{pmatrix}A_{11}&A_{21}&A_{31}\\A_{12}&A_{22}&A_{32}\\A_{13}&A_{23}&A_{33}\end{pmatrix}=\begin{pmatrix}8&0&2\\1&1&1\\5&-1&1\end{pmatrix}$$

所以

$$\boldsymbol{A}^{-1}=\frac{1}{|\boldsymbol{A}|}\boldsymbol{A}^{*}=\frac{1}{2}\begin{pmatrix}8&0&2\\1&1&1\\5&-1&1\end{pmatrix}=\begin{pmatrix}4&0&1\\\frac{1}{2}&\frac{1}{2}&\frac{1}{2}\\\frac{5}{2}&-\frac{1}{2}&\frac{1}{2}\end{pmatrix}$$

例 2.20　已知 $\boldsymbol{X}=\boldsymbol{AX}+\boldsymbol{B}$，其中 $\boldsymbol{A}=\begin{pmatrix}0&1&0\\-1&1&1\\-1&0&-1\end{pmatrix}$，$\boldsymbol{B}=\begin{pmatrix}1&-1\\2&0\\5&-3\end{pmatrix}$．求矩阵 $\boldsymbol{X}$.

解　由 $\boldsymbol{X}=\boldsymbol{AX}+\boldsymbol{B}$，得

$$(\boldsymbol{E}-\boldsymbol{A})\boldsymbol{X}=\boldsymbol{B} \tag{1}$$

两边同时左乘 $(\boldsymbol{E}-\boldsymbol{A})^{-1}$ 可得

$$\boldsymbol{X}=(\boldsymbol{E}-\boldsymbol{A})^{-1}\boldsymbol{B} \tag{2}$$

$$\boldsymbol{E}-\boldsymbol{A}=\begin{pmatrix}1&-1&0\\1&0&-1\\1&0&2\end{pmatrix}$$

先求出 $(\boldsymbol{E}-\boldsymbol{A})^{-1}$ 为

$$(\boldsymbol{E}-\boldsymbol{A})^{-1}=\begin{pmatrix}0&\frac{2}{3}&\frac{1}{3}\\-1&\frac{2}{3}&\frac{1}{3}\\0&-\frac{1}{3}&\frac{1}{3}\end{pmatrix}$$

代入式(2)得

$$\boldsymbol{X}=(\boldsymbol{E}-\boldsymbol{A})^{-1}\boldsymbol{B}=\begin{pmatrix}0&\frac{2}{3}&\frac{1}{3}\\-1&\frac{2}{3}&\frac{1}{3}\\0&-\frac{1}{3}&\frac{1}{3}\end{pmatrix}\begin{pmatrix}1&-1\\2&0\\5&-3\end{pmatrix}=\begin{pmatrix}3&-1\\2&0\\1&-1\end{pmatrix}$$

例 2.21　$\boldsymbol{A}=\begin{pmatrix}2&1\\0&4\end{pmatrix}$，$\boldsymbol{B}=\begin{pmatrix}1&0\\2&1\end{pmatrix}$，求一矩阵 $\boldsymbol{X}$，使得 $\boldsymbol{AX}=\boldsymbol{B}$.

解　因为 $|\boldsymbol{A}|=\begin{vmatrix}2&1\\0&4\end{vmatrix}=8\neq 0$，因此 $\boldsymbol{A}$ 可逆.

由 $\boldsymbol{AX}=\boldsymbol{B}$，得 $\boldsymbol{X}=\boldsymbol{A}^{-1}\boldsymbol{B}$. 而 $\boldsymbol{A}^{-1}=\frac{1}{8}\begin{pmatrix}4&-1\\0&2\end{pmatrix}$，所以

$$\boldsymbol{X}=\frac{1}{8}\begin{pmatrix}4&-1\\0&2\end{pmatrix}\begin{pmatrix}1&0\\2&1\end{pmatrix}=\frac{1}{8}\begin{pmatrix}2&-1\\4&2\end{pmatrix}$$

例 2.22　$\boldsymbol{A}=\begin{pmatrix}1&0\\2&-1\end{pmatrix}$，$\boldsymbol{B}=\begin{pmatrix}1&3\\-1&0\end{pmatrix}$，求 $\boldsymbol{AX}=\boldsymbol{B}$ 中的矩阵 $\boldsymbol{X}$.

解　$\boldsymbol{A}^{-1}=\frac{1}{|\boldsymbol{A}|}\boldsymbol{A}^*$，$|\boldsymbol{A}|=\begin{vmatrix}1&0\\2&-1\end{vmatrix}=-1$，$\boldsymbol{A}^*=\begin{pmatrix}-1&0\\-2&1\end{pmatrix}$

$\boldsymbol{X}=\boldsymbol{A}^{-1}\boldsymbol{B}=-\begin{pmatrix}-1&0\\-2&1\end{pmatrix}\begin{pmatrix}1&3\\-1&0\end{pmatrix}=\begin{pmatrix}1&3\\3&6\end{pmatrix}$

例 2.23　设已知 $\boldsymbol{A}=\begin{pmatrix}1&0\\-1&3\end{pmatrix}$，$\boldsymbol{B}=\begin{pmatrix}2&3\\0&1\end{pmatrix}$，求 $\boldsymbol{AX}=\boldsymbol{B}$ 中的矩阵 $\boldsymbol{X}$.

解 $A^{-1}=\frac{1}{|A|}A^*$，$|A|=\begin{vmatrix}1&0\\-1&3\end{vmatrix}=3$，$A^*=\begin{pmatrix}3&0\\1&1\end{pmatrix}$

$$X=A^{-1}B=\frac{1}{3}\begin{pmatrix}3&0\\1&1\end{pmatrix}\begin{pmatrix}2&3\\0&1\end{pmatrix}=\frac{1}{3}\begin{pmatrix}6&9\\2&4\end{pmatrix}=\begin{pmatrix}2&3\\\frac{2}{3}&\frac{4}{3}\end{pmatrix}$$

例 2.24 设已知 $A=\begin{pmatrix}1&2\\2&5\end{pmatrix}$，$B=\begin{pmatrix}2&0\\-1&1\end{pmatrix}$，求 $AX=B$ 中的矩阵 X.

解 $A^{-1}=\frac{1}{|A|}A^*$，$|A|=\begin{vmatrix}1&2\\2&5\end{vmatrix}=1$

$$A^*=\begin{pmatrix}5&-2\\-2&1\end{pmatrix}$$

$$X=A^{-1}B=\begin{pmatrix}5&-2\\-2&1\end{pmatrix}\begin{pmatrix}2&0\\-1&1\end{pmatrix}=\begin{pmatrix}12&-2\\-5&1\end{pmatrix}$$

例 2.25 $A=\begin{pmatrix}2&1&-1\\2&1&0\\1&-1&1\end{pmatrix}$，$B=\begin{pmatrix}1&-1&3\\4&3&2\end{pmatrix}$，求一矩阵 X，使得 $XA=B$.

解 因为 $|A|=\begin{vmatrix}2&1&-1\\2&1&0\\1&-1&1\end{vmatrix}=3\neq 0$，所以 A^{-1} 存在.

且
$$A^{-1}=\begin{pmatrix}1&0&1\\-2&3&-2\\-3&3&0\end{pmatrix}$$

$$X=BA^{-1}=\frac{1}{3}\begin{pmatrix}1&-1&3\\4&3&2\end{pmatrix}\begin{pmatrix}1&0&1\\-2&3&-2\\-3&3&0\end{pmatrix}=\frac{1}{3}\begin{pmatrix}-6&6&3\\-8&15&-2\end{pmatrix}$$

例 2.26 $A=\begin{pmatrix}1&4\\-1&2\end{pmatrix}$，$B=\begin{pmatrix}2&0\\-1&1\end{pmatrix}$，$C=\begin{pmatrix}3&1\\0&-1\end{pmatrix}$，使得 $AXB=C$，求矩阵 X.

解 因为 $|A|=\begin{vmatrix}1&4\\-1&2\end{vmatrix}=6\neq 0$，$|B|=\begin{vmatrix}2&0\\-1&1\end{vmatrix}=2\neq 0$，所以 A^{-1}，B^{-1} 均存在.

$$X=\begin{pmatrix}1&4\\-1&2\end{pmatrix}^{-1}\begin{pmatrix}3&1\\0&-1\end{pmatrix}\begin{pmatrix}2&0\\-1&1\end{pmatrix}^{-1}=\begin{pmatrix}1&1\\\frac{1}{4}&0\end{pmatrix}$$

例 2.27 用克莱姆法求解线性方程组 $\begin{cases}x_1+3x_2-x_3-4x_4=0\\2x_1+4x_2+4x_3-x_4+1=0\\x_1+2x_2+3x_3-2x_4-1=0\\2x_2-x_3+4x_4-11=0\end{cases}$.

解　将方程组改为标准形式$\begin{cases} x_1+3x_2-x_3-4x_4=0 \\ 2x_1+4x_2+4x_3-x_4=-1 \\ x_1+2x_2+3x_3-2x_4=1 \\ 2x_2-x_3+4x_4=11 \end{cases}$,其系数行列式

$$D=\begin{vmatrix} 1 & 3 & -1 & -4 \\ 2 & 4 & 4 & -1 \\ 1 & 2 & 3 & -2 \\ 0 & 2 & -1 & 4 \end{vmatrix}=-5\neq 0$$

所以方程组有唯一解,而且由

$$D_1=\begin{vmatrix} 0 & 3 & -1 & -4 \\ -1 & 4 & 4 & -1 \\ 1 & 2 & 3 & -2 \\ 11 & 2 & -1 & 4 \end{vmatrix}=80,\qquad D_2=\begin{vmatrix} 1 & 0 & -1 & -4 \\ 2 & -1 & 4 & -1 \\ 1 & 1 & 3 & -2 \\ 0 & 11 & -1 & 4 \end{vmatrix}=-25$$

$$D_3=\begin{vmatrix} 1 & 3 & 0 & -4 \\ 2 & 4 & -1 & -1 \\ 1 & 2 & 1 & -2 \\ 0 & 2 & 11 & 4 \end{vmatrix}=-15,\qquad D_4=\begin{vmatrix} 1 & 3 & -1 & 0 \\ 2 & 4 & 4 & -1 \\ 1 & 2 & 3 & 1 \\ 0 & 2 & -1 & 11 \end{vmatrix}=-5$$

故

$$\begin{cases} x_1=\dfrac{D_1}{D}=-16 \\ x_2=\dfrac{D_2}{D}=5 \\ x_3=\dfrac{D_3}{D}=3 \\ x_4=\dfrac{D_4}{D}=1 \end{cases}$$

例 2.28　线性方程组$\begin{cases} \lambda x_1-x_2-x_3=1 \\ x_1+\lambda x_2+x_3=1 \\ -x_1+x_2+\lambda x_3=1 \end{cases}$有唯一的解,则 λ 的值为(　　).

A. 0　　　B. 1　　　C. -1　　　D. 异于 0 与 ± 1 的数

分析　由于所给线性方程组有唯一的解,因此其系数行列式 $D\neq 0$. 经计算 $D=\lambda(\lambda-1)(\lambda+1)\neq 0$,所以可知答案为 D.

例 2.29　若齐次线性方程组$\begin{cases} x_1+2x_2+x_3=0 \\ kx_2+x_3=0 \\ -3x_1-2x_2+kx_3=0 \end{cases}$有非零解,则 $k=$________.

分析　由于齐次线性方程组有非零解,因此其系数行列式 $D=0$. 即

$$D=\begin{vmatrix} 1 & 2 & 1 \\ 0 & k & 1 \\ -3 & -2 & k \end{vmatrix}=k^2+3k-4=(k+4)(k-1)=0$$

因此，$k=-4$ 或 $k=1$.

例 2.30 已知齐次线性方程组 $\begin{cases} x_1+x_2+x_3+ax_4=0 \\ x_1+2x_2+x_3+x_4=0 \\ x_1+x_2-3x_3+x_4=0 \\ x_1+x_2+ax_3+bx_4=0 \end{cases}$ 有非零解，问 a,b 必须满足什么条件？

分析 因为齐次线性方程组有非零解，因此其系数行列式 $D=0$. 即

$$D=\begin{vmatrix} 1 & 1 & 1 & a \\ 1 & 2 & 1 & 1 \\ 1 & 1 & -3 & 1 \\ 1 & 1 & a & b \end{vmatrix}=(1+a)^2-4b=0$$

所以，$(a+1)^2=4b$. 即 $b=\left(\frac{a+1}{2}\right)^2$.

2.3 矩阵的分块

一、基本要求

(1) 理解分块矩阵的概念；

(2) 掌握分块矩阵的运算.

二、知识考点概述

(1) 分块矩阵.

$\boldsymbol{A}$ 是一矩阵，在它的行或列之间加上一些线，把它分成若干小块

$$\boldsymbol{A}=\left(\begin{array}{c|cc} a_{11} & a_{12} & a_{13} \\ a_{21} & a_{22} & a_{23} \\ \hline a_{31} & a_{32} & a_{33} \\ a_{41} & a_{42} & a_{43} \end{array}\right)$$

$$\boldsymbol{A}_{11}=\begin{pmatrix} a_{11} \\ a_{21} \end{pmatrix} \quad \boldsymbol{A}_{12}=\begin{pmatrix} a_{12} & a_{13} \\ a_{22} & a_{23} \end{pmatrix}$$

$$\boldsymbol{A}_{21}=\begin{pmatrix} a_{31} \\ a_{41} \end{pmatrix} \quad \boldsymbol{A}_{22}=\begin{pmatrix} a_{32} & a_{33} \\ a_{42} & a_{43} \end{pmatrix}$$

那么我们可以把矩阵 $\boldsymbol{A}$ 简单地写成

$$\boldsymbol{A}=\begin{pmatrix} \boldsymbol{A}_{11} & \boldsymbol{A}_{12} \\ \boldsymbol{A}_{21} & \boldsymbol{A}_{22} \end{pmatrix}$$

(2) 分块矩阵的运算.

$$\boldsymbol{A}=\begin{pmatrix} \boldsymbol{A}_{11} & \boldsymbol{A}_{12} & \cdots & \boldsymbol{A}_{1q} \\ \boldsymbol{A}_{21} & \boldsymbol{A}_{22} & \cdots & \boldsymbol{A}_{2q} \\ \vdots & \vdots & & \vdots \\ \boldsymbol{A}_{p1} & \boldsymbol{A}_{p2} & \cdots & \boldsymbol{A}_{pq} \end{pmatrix}, \quad \boldsymbol{B}=\begin{pmatrix} \boldsymbol{B}_{11} & \boldsymbol{B}_{12} & \cdots & \boldsymbol{B}_{1q} \\ \boldsymbol{B}_{21} & \boldsymbol{B}_{22} & \cdots & \boldsymbol{B}_{2q} \\ \vdots & \vdots & & \vdots \\ \boldsymbol{B}_{p1} & \boldsymbol{B}_{p2} & \cdots & \boldsymbol{B}_{pq} \end{pmatrix}$$

$$①kA=\begin{pmatrix}kA_{11} & kA_{12} & \cdots & kA_{1q}\\ kA_{21} & kA_{22} & \cdots & kA_{2q}\\ \vdots & \vdots & & \vdots\\ kA_{p1} & kA_{p2} & \cdots & kA_{pq}\end{pmatrix},k\in\mathbf{R}.$$

$$②A+B=\begin{pmatrix}A_{11}+B_{11} & A_{12}+B_{12} & \cdots & A_{1q}+B_{1q}\\ A_{21}+B_{21} & A_{22}+B_{22} & \cdots & A_{2q}+B_{2q}\\ \vdots & \vdots & & \vdots\\ A_{p1}+B_{p1} & A_{p2}+B_{p2} & \cdots & A_{pq}+B_{pq}\end{pmatrix}.$$

③A 是 $m\times l$ 矩阵，B 是 $l\times n$ 矩阵，并且 A 的行的分法与 B 的列的分法一样，则可以利用矩阵的分块作乘法.

$$A=\begin{pmatrix}A_{11} & A_{12} & \cdots & A_{1q}\\ A_{21} & A_{22} & \cdots & A_{2q}\\ \vdots & \vdots & & \vdots\\ A_{p1} & A_{p2} & \cdots & A_{pq}\end{pmatrix},\quad B=\begin{pmatrix}B_{11} & B_{12} & \cdots & B_{1r}\\ B_{21} & B_{22} & \cdots & B_{2r}\\ \vdots & \vdots & & \vdots\\ B_{q1} & B_{q2} & \cdots & B_{qr}\end{pmatrix}$$

$$AB=C=\begin{pmatrix}C_{11} & C_{12} & \cdots & C_{1r}\\ C_{21} & C_{22} & \cdots & C_{2r}\\ \vdots & \vdots & & \vdots\\ C_{p1} & C_{p2} & \cdots & C_{pr}\end{pmatrix}$$

其中A_{i1}, A_{i2}，…，A_{iq} 的列数分别等于B_{1j}，B_{2j}，…，B_{qj} 的行数

$$C_{ij}=\sum_{k=1}^{q}A_{ik}B_{kj}\quad(i=1,2,\cdots,p;j=1,2,\cdots,r)$$

三、典型题解

例 2.31　设 $A=\begin{pmatrix}3 & 4 & 1 & 2\\ 5 & 6 & -1 & 1\\ 0 & 0 & 2 & 3\\ 0 & 0 & 4 & 5\end{pmatrix}$，求 A^{-1}.

解　将 A 进行分块 $A=\begin{pmatrix}A_{11} & A_{12}\\ O & A_{22}\end{pmatrix}$，其中 $A_{11}=\begin{pmatrix}3 & 4\\ 5 & 6\end{pmatrix}$，$A_{12}=\begin{pmatrix}1 & 2\\ -1 & 1\end{pmatrix}$，$A_{22}=\begin{pmatrix}2 & 3\\ 4 & 5\end{pmatrix}$，由于 A_{11}，A_{22} 均可逆，所以 A 可逆，且 $A^{-1}=\begin{pmatrix}A_{11}^{-1} & -A_{11}^{-1}A_{12}A_{22}^{-1}\\ O & A_{22}^{-1}\end{pmatrix}$

$$|A_{11}|=-2,A_{11}^{*}=\begin{pmatrix}6 & -4\\ -5 & 3\end{pmatrix},A_{11}^{-1}=\begin{pmatrix}-3 & 2\\ \frac{5}{2} & -\frac{3}{2}\end{pmatrix}$$

$$|A_{22}|=-2,A_{22}^{*}=\begin{pmatrix}5 & -3\\ -4 & 2\end{pmatrix},A_{22}^{-1}=\begin{pmatrix}-\frac{5}{2} & \frac{3}{2}\\ 2 & -1\end{pmatrix}$$

$$-A_{11}^{-1}A_{12}A_{22}^{-1}=-\begin{pmatrix}-3 & 2\\ \frac{5}{2} & -\frac{3}{2}\end{pmatrix}\begin{pmatrix}1 & 2\\ -1 & 1\end{pmatrix}\begin{pmatrix}-\frac{5}{2} & \frac{3}{2}\\ 2 & -1\end{pmatrix}=\begin{pmatrix}-\frac{9}{2} & \frac{7}{2}\\ 3 & -\frac{5}{2}\end{pmatrix}$$

所以

$$A^{-1}=\begin{pmatrix}-3 & 2 & -\frac{9}{2} & \frac{7}{2}\\ \frac{5}{2} & -\frac{3}{2} & 3 & -\frac{5}{2}\\ 0 & 0 & -\frac{5}{2} & \frac{3}{2}\\ 0 & 0 & 2 & -1\end{pmatrix}$$

注 在计算二阶矩阵的伴随矩阵时，只需将原矩阵主对角线二元素对换，负对角线二元素变号，如 $A=\begin{pmatrix}a & b\\ c & d\end{pmatrix}$，则 $A^*=\begin{pmatrix}d & -b\\ -c & a\end{pmatrix}$.

例 2.32 $A=\begin{pmatrix}2 & 1 & 0 & 0 & 0\\ -2 & 3 & 0 & 0 & 0\\ 0 & 0 & 1 & 0 & 0\\ 0 & 0 & 1 & 1 & 0\\ 0 & 0 & 1 & 1 & 1\end{pmatrix}=\begin{pmatrix}A_1 & O\\ O & A_2\end{pmatrix}$，计算 $|A|$，$A^{T}A$，$|A^3|$，$|AA^{T}|$.

解 $|A|=|A_1A_2|=\begin{vmatrix}2 & 1\\ -2 & 3\end{vmatrix}\cdot\begin{vmatrix}1 & 0 & 0\\ 1 & 1 & 0\\ 1 & 1 & 1\end{vmatrix}=8\times 1=8$

$$A^{T}A=\begin{pmatrix}A_1^{T} & O\\ O & A_2^{T}\end{pmatrix}\begin{pmatrix}A_1 & O\\ O & A_2\end{pmatrix}=\begin{pmatrix}A_1^{T}A_1 & O\\ O & A_2^{T}A_2\end{pmatrix}=\begin{pmatrix}8 & -4 & 0 & 0 & 0\\ -4 & 10 & 0 & 0 & 0\\ 0 & 0 & 3 & 2 & 1\\ 0 & 0 & 2 & 2 & 1\\ 0 & 0 & 1 & 1 & 1\end{pmatrix}$$

$$|A^3|=|A|^3=8^3=512$$

$$|AA^{T}|=|A|^2=64$$

例 2.33 $A=\begin{pmatrix}5 & 2 & 0 & 0\\ 2 & 1 & 0 & 0\\ 0 & 0 & 8 & 3\\ 0 & 0 & 5 & 2\end{pmatrix}$，求 A^{-1}.

解 因为 $|A|=\begin{vmatrix}5 & 2\\ 2 & 1\end{vmatrix}\begin{vmatrix}8 & 3\\ 5 & 2\end{vmatrix}=1$，所以 A 可逆.

又因为

$$\begin{pmatrix}5 & 2\\ 2 & 1\end{pmatrix}^{-1}=\begin{pmatrix}1 & -2\\ -2 & 5\end{pmatrix},\quad \begin{pmatrix}8 & 3\\ 5 & 2\end{pmatrix}^{-1}=\begin{pmatrix}2 & -3\\ -5 & 8\end{pmatrix}$$

故

$$A^{-1}=\begin{pmatrix}\begin{pmatrix}5&2\\2&1\end{pmatrix}^{-1} & \begin{pmatrix}0&0\\0&0\end{pmatrix}\\ \begin{pmatrix}0&0\\0&0\end{pmatrix} & \begin{pmatrix}8&3\\5&2\end{pmatrix}^{-1}\end{pmatrix}=\begin{pmatrix}1&-2&0&0\\-2&5&0&0\\0&0&2&-3\\0&0&-5&8\end{pmatrix}$$

例 2.34　设 $A=\begin{pmatrix}5&0&0\\0&3&1\\0&2&1\end{pmatrix}$,求 A^{-1}.

解　$A=\begin{pmatrix}5&0&0\\0&3&1\\0&2&1\end{pmatrix}=\begin{pmatrix}A_1&O\\O&A_2\end{pmatrix}$,其中

$$A_1=(5),\quad A_1^{-1}=\left(\frac{1}{5}\right);\quad A_2=\begin{pmatrix}3&1\\2&1\end{pmatrix},\quad A_2^{-1}=\begin{pmatrix}1&-1\\-2&3\end{pmatrix}.$$

于是有

$$A^{-1}=\begin{pmatrix}\frac{1}{5}&0&0\\0&1&-1\\0&-2&3\end{pmatrix}$$

单元测试题

一、填空题

1. 设 $A=(1\quad -1\quad 4)$,$B=(2\quad -2\quad -1)$ 均为 1×3 矩阵,则 $AB^{\mathrm{T}}=$________.

2. 设 $A=(1\quad 2\quad 3)$,$B=(3\quad 2\quad 1)$ 均为 1×3 矩阵,则 $AB^{\mathrm{T}}=$________,$B^{\mathrm{T}}A=$________.

3. $A=\begin{pmatrix}1&-1\\1&-1\end{pmatrix}$,则 $A^{100}=$________.

4. 设 A 是 n 阶可逆矩阵,$|A|=5$,则 $|A^{-1}|=$________.

5. 设 3 阶矩阵 A,B,若 $|A|=2$,$|B|=\frac{1}{3}$,则 $|2AB^{\mathrm{T}}|=$________.

6. 矩阵 $A=\begin{pmatrix}1&1&7\\0&2&3\\0&0&5\end{pmatrix}$,则 $|A|=$________.

7. 设 A 为 n 阶矩阵,A^{T} 是它的转置矩阵,则 $|A|=$________.

8. 设有 n 阶矩阵 A,B,则有 $(A+B)^2=$________.

9. 设有 n 阶矩阵 A,B,则有 $(AB)^{\mathrm{T}}=$________.

10. 设 n 阶矩阵 A 及常数 k,那么 $|kA|=$________.

11. $A^2+A=E$,则 $A^{-1}=$________.

12. $\boldsymbol{A},\boldsymbol{B}$ 均为 3 阶方阵，且 $|\boldsymbol{A}|=\frac{1}{2}$，$|\boldsymbol{B}|=2$，则 $|2(\boldsymbol{B}^{\mathrm{T}}\boldsymbol{A})^{-1}|=$________.

13. $\boldsymbol{A}$ 为 4×4 阶矩阵，$|\boldsymbol{A}|=\frac{1}{3}$，则 $|2\boldsymbol{A}|=$________，$\left|\frac{1}{2}\boldsymbol{A}^{\mathrm{T}}\right|=$________.

二、选择题

14. 设 $\boldsymbol{A},\boldsymbol{B},\boldsymbol{C}$ 都是 n 阶可逆矩阵，则 $(\boldsymbol{ABC})^{-1}=($　　$)$

A. $\boldsymbol{A}^{-1}\boldsymbol{B}^{-1}\boldsymbol{C}^{-1}$　　B. $\boldsymbol{B}^{-1}\boldsymbol{A}^{-1}\boldsymbol{C}^{-1}$　　C. $\boldsymbol{C}^{-1}\boldsymbol{A}^{-1}\boldsymbol{B}^{-1}$　　D. $\boldsymbol{C}^{-1}\boldsymbol{B}^{-1}\boldsymbol{A}^{-1}$

15. 设 $\boldsymbol{A},\boldsymbol{B},\boldsymbol{C}$ 都是 n 阶可逆矩阵，则 $(\boldsymbol{ABC})^{\mathrm{T}}=($　　$)$

A. $\boldsymbol{A}^{\mathrm{T}}\boldsymbol{B}^{\mathrm{T}}\boldsymbol{C}^{\mathrm{T}}$　　B. $\boldsymbol{A}^{\mathrm{T}}\boldsymbol{C}^{\mathrm{T}}\boldsymbol{B}^{\mathrm{T}}$　　C. $\boldsymbol{C}^{\mathrm{T}}\boldsymbol{B}^{\mathrm{T}}\boldsymbol{A}^{\mathrm{T}}$　　D. $\boldsymbol{B}^{\mathrm{T}}\boldsymbol{A}^{\mathrm{T}}\boldsymbol{C}^{\mathrm{T}}$

16. $\boldsymbol{A}$ 为 n 阶方阵，且 $|\boldsymbol{A}|=2$，则 $|\boldsymbol{A}^*|=($　　$)$

A. 2^n　　B. 2^{n-1}　　C. 2^{n-2}　　D. 2

17. $\boldsymbol{A}$ 为 4 阶方阵，且 $|\boldsymbol{A}|=2$，则 $|\boldsymbol{A}^*|=($　　$)$

A. 2　　B. 4　　C. 8　　D. 16

18. $\boldsymbol{A}$ 为 n 阶方阵，且 $|\boldsymbol{A}|=2$，则 $|\boldsymbol{A}^{-1}|=($　　$)$

A. $\frac{1}{2}$　　B. 4　　C. 2　　D. $\frac{1}{4}$

19. $\boldsymbol{A},\boldsymbol{B}$ 均为 n 阶方阵，若 $(\boldsymbol{A}+\boldsymbol{B})(\boldsymbol{A}-\boldsymbol{B})=\boldsymbol{A}^2-\boldsymbol{B}^2$，则必有（　　）

A. $\boldsymbol{A}=\boldsymbol{B}$　　B. $\boldsymbol{A}=\boldsymbol{E}$　　C. $\boldsymbol{B}=\boldsymbol{E}$　　D. $\boldsymbol{AB}=\boldsymbol{BA}$

20. $\boldsymbol{A},\boldsymbol{B}$ 均为 n 阶对称矩阵，$\boldsymbol{AB}$ 仍为对称矩阵的充分必要条件是（　　）

A. $\boldsymbol{A}$ 与 $\boldsymbol{B}$ 可交换　　B. $|\boldsymbol{A}|\neq 0$　　C. $|\boldsymbol{B}|\neq 0$　　D. $|\boldsymbol{AB}|\neq 0$

21. 设 $\boldsymbol{A}$ 为 3×2 矩阵，$\boldsymbol{B}$ 为 2×3 矩阵，$\boldsymbol{C}$ 为 3×3 矩阵，则下列运算可行的是（　　）

A. $\boldsymbol{CBA}$　　B. $\boldsymbol{AB}-\boldsymbol{C}$　　C. $\boldsymbol{BA}-\boldsymbol{C}$　　D. $\boldsymbol{AB}-\boldsymbol{AC}$

22. $\boldsymbol{A}$ 为 n 阶方阵，且 $|\boldsymbol{A}|=a$，则 $|\boldsymbol{A}^*|=($　　$)$

A. a^n　　B. a^{n-1}　　C. a^{n-2}　　D. a

23. $\boldsymbol{A}$ 为 n 阶可逆方阵，则 $(\boldsymbol{A}^*)^*=($　　$)$

A. $|\boldsymbol{A}|^{n-2}\boldsymbol{A}$　　B. $|\boldsymbol{A}^{n-1}|\boldsymbol{A}$　　C. $|\boldsymbol{A}|^n\boldsymbol{A}$　　D. $|\boldsymbol{A}|^{n+1}\boldsymbol{A}$

24. $\boldsymbol{A},\boldsymbol{B}$ 均为 n 阶可逆矩阵，则下列各式成立的是（　　）

A. $(\boldsymbol{AB})^{\mathrm{T}}=\boldsymbol{A}^{\mathrm{T}}\boldsymbol{B}^{\mathrm{T}}$　　B. $(\boldsymbol{A}+\boldsymbol{B})^{\mathrm{T}}=\boldsymbol{B}^{\mathrm{T}}+\boldsymbol{A}^{\mathrm{T}}$

C. $(\boldsymbol{AB})^{-1}=\boldsymbol{A}^{-1}\boldsymbol{B}^{-1}$　　D. $(\boldsymbol{A}+\boldsymbol{B})^{-1}=\boldsymbol{B}^{-1}+\boldsymbol{A}^{-1}$

三、计算题

25. 已知 $\boldsymbol{A}=\begin{pmatrix}1&2\\2&5\end{pmatrix}$，$\boldsymbol{B}=\begin{pmatrix}2&0\\-1&1\end{pmatrix}$，$\boldsymbol{C}=\begin{pmatrix}1&0\\1&2\end{pmatrix}$，求 $\boldsymbol{AXB}=\boldsymbol{C}$ 中的矩阵 $\boldsymbol{X}$.

26. 已知 $\boldsymbol{A}=\begin{pmatrix}1&0\\-1&3\end{pmatrix}$，$\boldsymbol{B}=\begin{pmatrix}2&3\\0&1\end{pmatrix}$，求 $\boldsymbol{AX}=\boldsymbol{B}$ 中的 $\boldsymbol{X}$.

27. 设 $\boldsymbol{a}=\begin{pmatrix}-2\\0\\0\\1\end{pmatrix}$，$\boldsymbol{b}=(0\quad 1\quad 2\quad -1)$，求 $\boldsymbol{ab}$，$\boldsymbol{ba}$.

28. 设矩阵

$$A=\begin{pmatrix}1&2&1&2\\2&1&2&1\\1&2&3&4\end{pmatrix},\quad B=\begin{pmatrix}4&3&2&1\\-2&1&-2&1\\0&-1&0&-1\end{pmatrix}$$

求：(1)$3A-2B$；

(2)$2A+3B$；

(3) 若 X 满足 $A+X=B$，求 X.

29. 设 $A=\begin{pmatrix}x&0\\7&y\end{pmatrix}$，$B=\begin{pmatrix}u&v\\y&2\end{pmatrix}$，$C=\begin{pmatrix}3&-u\\u&v\end{pmatrix}$，且 $A+2B-C=0$，求 x,y,u,v 的值.

30. 计算下列乘积.

(1)$\begin{pmatrix}4&3&1\\1&-2&3\\5&7&0\end{pmatrix}\begin{pmatrix}7\\2\\1\end{pmatrix}$　(2)$(1\quad 2\quad 0\quad 4)\begin{pmatrix}0\\2\\5\\-1\end{pmatrix}$　(3)$\begin{pmatrix}\lambda&1&0\\0&\lambda&1\\0&0&\lambda\end{pmatrix}^3$

31. 求下列方阵的逆阵.

(1)$\begin{pmatrix}\cos\theta&-\sin\theta\\\sin\theta&\cos\theta\end{pmatrix}$　(2)$\begin{pmatrix}1&2&-1\\3&4&-2\\5&-4&1\end{pmatrix}$

(3)$\begin{pmatrix}5&2&0&0\\2&1&0&0\\0&0&8&3\\0&0&5&2\end{pmatrix}$

32. 求解下列矩阵方程.

(1)$X\begin{pmatrix}2&1&-1\\2&1&0\\1&-1&1\end{pmatrix}=\begin{pmatrix}1&-1&3\\4&3&2\end{pmatrix}$

(2)$\begin{pmatrix}1&4\\-1&2\end{pmatrix}X\begin{pmatrix}2&0\\-1&1\end{pmatrix}=\begin{pmatrix}3&1\\0&-1\end{pmatrix}$

(3)$\begin{pmatrix}0&1&0\\1&0&0\\0&0&1\end{pmatrix}X\begin{pmatrix}1&0&0\\0&0&1\\0&1&0\end{pmatrix}=\begin{pmatrix}1&-4&3\\2&0&-1\\1&-2&0\end{pmatrix}$

(4)$A=\begin{pmatrix}4&2&3\\1&1&0\\-1&2&3\end{pmatrix}$，且 $AB=A+2B$，求 B.

33. 用 Cramer 法则解下列方程组：

$$\begin{cases}x_1+x_2+x_3+x_4=5\\x_1+2x_2-x_3+4x_4=-2\\2x_1-3x_2-x_3-5x_4=-2\\3x_1+x_2+2x_3+11x_4=0\end{cases}$$

34. 问 λ,μ 为何值时，齐次线性方程组 $\begin{cases}\lambda x_1+x_2+x_3=0\\x_1+\mu x_2+x_3=0\\x_1+2\mu x_2+x_3=0\end{cases}$ 有非零解？

四、证明题

35. 设 $\boldsymbol{A}$ 是 n 阶矩阵，且 $\boldsymbol{E}-\boldsymbol{A}$ 可逆，$\boldsymbol{A}^k=\boldsymbol{O}$. 证明：

$$(\boldsymbol{E}-\boldsymbol{A})^{-1}=\boldsymbol{E}+\boldsymbol{A}+\boldsymbol{A}^2+\cdots+\boldsymbol{A}^{k-1}$$

单元测试题答案

一、填空题

1. (0)　2. (10)，$\begin{pmatrix}3&6&9\\2&4&6\\1&2&3\end{pmatrix}$　3. $\begin{pmatrix}0&0\\0&0\end{pmatrix}$　4. $\frac{1}{5}$　5. $\frac{16}{3}$　6. 10　7. $|\boldsymbol{A}^{\mathrm{T}}|$　8. $\boldsymbol{A}^2+\boldsymbol{AB}+\boldsymbol{BA}+\boldsymbol{B}^2$　9. $\boldsymbol{B}^{\mathrm{T}}\boldsymbol{A}^{\mathrm{T}}$　10. $k^n|\boldsymbol{A}|$　11. $\boldsymbol{A}+\boldsymbol{E}$　12. 8　13. $\frac{16}{3},\frac{1}{48}$

二、选择题

14. D　15. C　16. B　17. C　18. A　19. D　20. A　21. B　22. B　23. A　24. B

三、计算题

25. $\boldsymbol{A}^{-1}=\frac{1}{|\boldsymbol{A}|}\boldsymbol{A}^*$，$|\boldsymbol{A}|=\begin{vmatrix}1&2\\2&5\end{vmatrix}=1$，$\boldsymbol{A}^*=\begin{pmatrix}5&-2\\-2&1\end{pmatrix}$

$\boldsymbol{B}^{-1}=\frac{1}{|\boldsymbol{B}|}\boldsymbol{B}^*$，$|\boldsymbol{B}|=\begin{vmatrix}2&0\\-1&1\end{vmatrix}=2$，$\boldsymbol{B}^*=\begin{pmatrix}1&0\\1&2\end{pmatrix}$

$\boldsymbol{X}=\boldsymbol{A}^{-1}\boldsymbol{C}\boldsymbol{B}^{-1}=\begin{pmatrix}1&2\\2&5\end{pmatrix}^{-1}\begin{pmatrix}1&0\\1&2\end{pmatrix}\begin{pmatrix}2&0\\-1&1\end{pmatrix}^{-1}=$

$\frac{1}{2}\begin{pmatrix}5&-2\\-2&1\end{pmatrix}\begin{pmatrix}1&0\\1&2\end{pmatrix}\begin{pmatrix}1&0\\1&2\end{pmatrix}=$

$\frac{1}{2}\begin{pmatrix}3&-4\\-1&2\end{pmatrix}\begin{pmatrix}1&0\\1&2\end{pmatrix}=\frac{1}{2}\begin{pmatrix}-1&-8\\1&4\end{pmatrix}$

26. $\boldsymbol{A}^{-1}=\frac{1}{|\boldsymbol{A}|}\boldsymbol{A}^*$，$|\boldsymbol{A}|=\begin{vmatrix}1&0\\-1&3\end{vmatrix}=3$，$\boldsymbol{A}^*=\begin{pmatrix}3&0\\1&1\end{pmatrix}$

$$\boldsymbol{X}=\boldsymbol{A}^{-1}\boldsymbol{B}=\frac{1}{3}\begin{pmatrix}3&0\\1&1\end{pmatrix}\begin{pmatrix}2&3\\0&1\end{pmatrix}=\begin{pmatrix}2&3\\\frac{2}{3}&\frac{4}{3}\end{pmatrix}$$

27. $\boldsymbol{ab}=\begin{pmatrix}0&-2&-4&2\\0&0&0&0\\0&0&0&0\\0&1&2&-1\end{pmatrix}$

$\boldsymbol{ba}=(-1)$

28. (1) $\begin{pmatrix} -5 & 0 & -1 & 4 \\ 10 & 1 & 10 & 1 \\ 3 & 8 & 9 & 14 \end{pmatrix}$　(2) $\begin{pmatrix} 14 & 13 & 8 & 7 \\ -2 & 5 & -2 & 5 \\ 2 & 1 & 6 & 5 \end{pmatrix}$

(3) $\begin{pmatrix} 3 & 1 & 1 & -1 \\ -4 & 0 & -4 & 0 \\ -1 & -3 & -3 & -5 \end{pmatrix}$

29. $x=4, y=-\dfrac{15}{4}, u=-\dfrac{1}{2}, v=\dfrac{1}{4}$

30. (1) $\begin{pmatrix} 35 \\ 6 \\ 49 \end{pmatrix}$　(2) 0　(3) $\begin{pmatrix} \lambda^3 & 3\lambda^2 & 3\lambda \\ 0 & \lambda^3 & 3\lambda^2 \\ 0 & 0 & \lambda^3 \end{pmatrix}$

31. (1) $\begin{pmatrix} \cos\theta & \sin\theta \\ -\sin\theta & \cos\theta \end{pmatrix}$　(2) $\begin{pmatrix} -2 & 1 & 0 \\ -\dfrac{13}{2} & 3 & -\dfrac{1}{2} \\ -16 & 7 & -1 \end{pmatrix}$

(3) $\begin{pmatrix} 1 & -2 & 0 & 0 \\ -2 & 5 & 0 & 0 \\ 0 & 0 & 2 & -3 \\ 0 & 0 & -5 & 8 \end{pmatrix}$

32. (1) $\boldsymbol{X}=\begin{pmatrix} -2 & 2 & 1 \\ -\dfrac{8}{3} & 5 & -\dfrac{2}{3} \end{pmatrix}$　(2) $\boldsymbol{X}=\begin{pmatrix} 1 & 1 \\ \dfrac{1}{4} & 0 \end{pmatrix}$

(3) $\boldsymbol{X}=\begin{pmatrix} 2 & -1 & 0 \\ 1 & 3 & -4 \\ 1 & 0 & -2 \end{pmatrix}$　(4) $\boldsymbol{B}=\begin{pmatrix} 3 & -8 & -6 \\ 2 & -9 & -6 \\ -2 & 12 & 9 \end{pmatrix}$

33. 解：$D=\begin{vmatrix} 1 & 1 & 1 & 1 \\ 1 & 2 & -1 & 4 \\ 2 & -3 & -1 & -5 \\ 2 & 1 & 2 & 11 \end{vmatrix}=-142$

$D_1=\begin{vmatrix} 5 & 1 & 1 & 1 \\ -2 & 2 & -1 & 4 \\ -2 & -3 & -1 & -5 \\ 0 & 1 & 2 & 11 \end{vmatrix}=-142$　$D_2=\begin{vmatrix} 1 & 5 & 1 & 1 \\ 1 & -2 & -1 & 4 \\ 2 & -2 & -1 & -5 \\ 3 & 0 & 2 & 11 \end{vmatrix}=-284$

$D_3=\begin{vmatrix} 1 & 1 & 5 & 1 \\ 1 & 2 & -2 & 4 \\ 2 & -3 & -2 & -5 \\ 2 & 1 & 0 & 11 \end{vmatrix}=-426$　$D_4=\begin{vmatrix} 1 & 1 & 1 & 5 \\ 1 & 2 & -1 & -2 \\ 2 & -3 & -1 & -2 \\ 2 & 1 & 2 & 0 \end{vmatrix}=142$

于是，得 $x_1=\dfrac{D_1}{D}=1, x_2=\dfrac{D_2}{D}=2, x_3=\dfrac{D_3}{D}=3, x_4=\dfrac{D_4}{D}=-1.$

34. 解：当方程组的系数行列式 $D=0$ 时，方程组有非零解.

而 $D=\begin{vmatrix}\lambda & 1 & 1\\ 1 & \mu & 1\\ 1 & 2\mu & 1\end{vmatrix}=\mu(1-\lambda)$，由 $D=0$，得 $\lambda=1$ 或 $\mu=0$.

四、证明题

35. $(\boldsymbol{E}-\boldsymbol{A})(\boldsymbol{E}+\boldsymbol{A}+\boldsymbol{A}^2+\cdots+\boldsymbol{A}^{k-1})=\boldsymbol{E}+\boldsymbol{A}+\boldsymbol{A}^2+\cdots+\boldsymbol{A}^{k-1}-(\boldsymbol{A}+\boldsymbol{A}^2+\cdots+\boldsymbol{A}^{k-1}+\boldsymbol{A}^k)=\boldsymbol{E}-\boldsymbol{A}^k$，由 $\boldsymbol{A}^k=\boldsymbol{O}$

原式 $=\boldsymbol{E}$

第3章 矩阵的初等变换与线性方程组

一、基本要求

(1) 用初等行变换求可逆矩阵的逆矩阵；

(2) 用初等行变换解 $\boldsymbol{AX}=\boldsymbol{B}$；

(3) 用初等行变换解 $\boldsymbol{XA}=\boldsymbol{B}$；

(4) 用初等变换求矩阵的秩；

(5) 用初等行变换求解线性方程组.

二、知识考点概述

1.行阶梯形矩阵

(1) 可以画出阶梯线；

(2) 阶梯线以下元素全为零；

(3) 每个台阶只占一行，非零行行数等于台阶数；

(4) 竖线后第一个元素非零.

2.行最简形矩阵

(1) 非零行非零首元是1；

(2) 非零行非零首元1所在的列上其他元素为零.

3.$\boldsymbol{A}_{m\times n}\xrightarrow{r}$行阶梯形矩阵的方法

从第一行开始将每个非零行非零首元所在的列上，位于非零首元以下的元素化为零.

4.$\boldsymbol{A}_{m\times n}\xrightarrow{r}$行最简形矩阵的方法

(1)$\boldsymbol{A}_{m\times n}\xrightarrow{r}$行阶梯形矩阵；

(2)$\begin{cases}\text{将行阶梯形的非零行非零首元化为1}\\\text{将行阶梯形的非零行的非零首元所在的列上其他元素化为零}\end{cases}$.

5.行最简形矩阵的应用

(1) 已知 $\boldsymbol{A}_n$ 为可逆矩阵，求$\boldsymbol{A}^{-1}$.

方法为$(\boldsymbol{A}\vdots\boldsymbol{E})\overset{r}{\leftrightarrow}$行最简形$=(\boldsymbol{E}\vdots\boldsymbol{A}^{-1})$

(2)$\boldsymbol{A}$是可逆的，求矩阵方程$\boldsymbol{Ax}=\boldsymbol{B}$中的$\boldsymbol{X}$.

方法为$(\boldsymbol{A}\vdots\boldsymbol{B})\overset{r}{\leftrightarrow}$行最简形$=(\boldsymbol{E}\vdots\boldsymbol{X})$

(3)$\boldsymbol{A}$ 是可逆的,求矩阵方程 $\boldsymbol{xA}=\boldsymbol{B}$ 中的 $\boldsymbol{X}$.

方法为$(\boldsymbol{A}^{\mathrm{T}} \vdots \boldsymbol{B}^{\mathrm{T}}) \overset{r}{\leftrightarrow}$ 行最简形 $=(\boldsymbol{E} \vdots \boldsymbol{X}^{\mathrm{T}})$

则 $\boldsymbol{X}=(\boldsymbol{X}^{\mathrm{T}})^{\mathrm{T}}$

(4) 解线性方程组(见 7).

6. 矩阵秩的性质

(1)$0 \leqslant r(\boldsymbol{A}) \leqslant \min\{m,n\}$;

(2)$r(\boldsymbol{A})=r(\boldsymbol{A}^{\mathrm{T}})$;

(3) 若 $\boldsymbol{A} \rightarrow \boldsymbol{B}$,则 $r(\boldsymbol{A})=r(\boldsymbol{B})$;

(4) 已知 $\boldsymbol{P}_m,\boldsymbol{O}_n$ 为可逆矩阵,则 $r(\boldsymbol{P}\boldsymbol{A}_{m\times n}\boldsymbol{Q})=r(\boldsymbol{A})$;

(5)$\max\{r(\boldsymbol{A}),r(\boldsymbol{B})\} \leqslant r(\boldsymbol{A},\boldsymbol{B}) \leqslant r(\boldsymbol{A})+r(\boldsymbol{B})$;

(6)$r(\boldsymbol{A}+\boldsymbol{B}) \leqslant r(\boldsymbol{A})+r(\boldsymbol{B})$;

(7)$r(\boldsymbol{AB}) \leqslant \min\{r(\boldsymbol{A}),r(\boldsymbol{B})\}$;

(8) 若 $\boldsymbol{A}_{m\times n}\boldsymbol{B}_{n\times l}=\boldsymbol{O}$,则 $r(\boldsymbol{A})+r(\boldsymbol{B}) \leqslant n$;

7. 线性方程组求解

(1) **定理 4**　n 元线性方程组 $\boldsymbol{Ax}=\boldsymbol{b}$

①$r(\boldsymbol{A})<r(\boldsymbol{B}) \Leftrightarrow$ 无解;

②$r(\boldsymbol{A})=r(\boldsymbol{B})=r \Leftrightarrow$ 有解$\begin{cases} r=n \Leftrightarrow \text{唯一解} \\ r<n \Leftrightarrow \text{无穷解} \end{cases}$

(2) **定理 4′**　n 元齐次线性方程组 $\boldsymbol{Ax}=\boldsymbol{0}$

①$r(\boldsymbol{A})=n \Leftrightarrow$ 唯一零解;

②$r(\boldsymbol{A})<n \Leftrightarrow$ 无穷解;

(3)n 元非齐次线性方程组 $\boldsymbol{Ax}=\boldsymbol{b}$ 求解方法:

① 将 $\boldsymbol{B}=(\boldsymbol{A},\boldsymbol{b}) \xrightarrow{r}$ 行阶梯形矩阵,从 $\boldsymbol{B}$ 的行阶梯形矩阵得 $r(\boldsymbol{A})$ 和 $r(\boldsymbol{B})$,若 $r(\boldsymbol{A})<r(\boldsymbol{B})$,则无解;

② 若 $r(\boldsymbol{A})=r(\boldsymbol{B})=r$ 且 $r=n$(n 为未知数),方程组有唯一解,将 $\boldsymbol{B}$ 的行阶梯形矩阵经过初等行变换化为行最简形矩阵,代入未知数,得到方程组的唯一解的值;

③ 若 $r(\boldsymbol{A})=r(\boldsymbol{B})=r$ 且 $r<n$,方程组有无穷多解,将 $\boldsymbol{B}$ 的行阶梯形矩阵经过初等行变换化为行最简形矩阵,代入未知数,在行最简形中非零行非零首元 1 所对应的 r 个变量称为非自由变量,剩余 $n-r$ 个变量称为自由变量,令自由变量分别为 $c_1,c_2,\cdots,c_{n-r}$,由 $\boldsymbol{B}$ 的行最简形矩阵,即可写出该方程的含有 $n-r$ 个参数 $c_1,c_2,\cdots,c_{n-r}$ 的通解表达式.

(4)n 元齐次线性方程组 $\boldsymbol{Ax}=\boldsymbol{0}$ 求解方法:

① 将系数矩阵 $\boldsymbol{A} \xrightarrow{r}$ 行阶梯形矩阵,从而得 $r(\boldsymbol{A})=r$,若 $r=n$(n 为未知数个数),则方程有唯一零解;

② 若 $r<n$,方程有无穷解,将系数矩阵 $\boldsymbol{A}$ 的行阶梯形矩阵化为行最简形矩阵;

③ 代入未知数且常数为零得到同解方程,使 $\boldsymbol{A}$ 的行最简形矩阵中非零行非零首元 1 所对应的 r 个变量为非自由变量,剩余 $n-r$ 个变量为自由变量,令自由变量分别为 $c_1,c_2,\cdots,c_{n-r}$,由 $\boldsymbol{A}$ 的行最简形矩阵,整理即可写出该方程的含有 $n-r$ 个参数 $c_1,c_2,\cdots,c_{n-r}$

的通解表达式.

3.1　矩阵的初等变换

一、基本要求

(1) 理解矩阵的初等变换；

(2) 掌握初等矩阵及其性质；

(3) 理解矩阵的等价；

(4) 掌握利用初等变换化矩阵为标准型.

二、知识考点概述

(1) 矩阵的初等变换.

矩阵的行(列) 初等变换是指对一个矩阵施行的下列变换：

① 交换矩阵的两行(列),用符号 $r_i \leftrightarrow r_j$ ($c_i \leftrightarrow c_j$) 表示.

② 用一个不为零的数去乘矩阵的某一行(列),用 $k \times r_i$($k \times c_i$) 表示.

③ 用一个数去乘矩阵的某一行(列) 再加到另一行(列)：

用 $r_i + k \times r_j$ 表示用一个数 k 去乘矩阵的第 j 行再加到第 i 行；

用 $c_i + k \times c_j$ 表示用一个数 k 去乘矩阵的第 j 列再加到第 i 列.

(2) 初等矩阵.

① 定义.下面的三种矩阵称为初等矩阵：

a.将 n 阶单位矩阵的第 i 行与第 j 行互相交换位置就得到第一种初等矩阵,一般用 $\boldsymbol{P}_{ij}$ 表示：

$$\boldsymbol{P}_{ij} = \begin{pmatrix} 1 & & & & & & & & & \\ & \ddots & & & & & & & & \\ & & 1 & & & & & & & \\ & & & 0 & \cdots & \cdots & \cdots & 1 & & \\ & & & \vdots & 1 & & & \vdots & & \\ & & & \vdots & & \ddots & & \vdots & & \\ & & & \vdots & & & 1 & \vdots & & \\ & & & 1 & \cdots & \cdots & \cdots & 0 & & \\ & & & & & & & & 1 & & \\ & & & & & & & & & \ddots & \\ & & & & & & & & & & 1 \end{pmatrix} \begin{matrix} \\ \\ \\ \cdots\cdots \text{第 } i \text{ 行} \\ \\ \\ \\ \cdots\cdots \text{第 } j \text{ 行} \\ \\ \\ \\ \end{matrix}$$

b.用不为零的数 k 去乘 n 阶单位矩阵的第 i 行的每一个元素得到第二种初等矩阵,一般用 $\boldsymbol{D}_i(k)$ 表示：

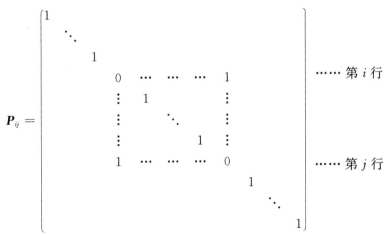

$$\boldsymbol{D}_i(k)=\begin{pmatrix}1&&&&&&\\&\ddots&&&&&\\&&1&&&&\\&&&k&&&\\&&&&1&&\\&&&&&\ddots&\\&&&&&&1\end{pmatrix}\begin{matrix}\\\\\\\cdots\cdots \text{第 } i \text{ 行}\\\\\\\\\end{matrix}$$

c. 用数 k 去乘 n 阶单位矩阵的第 j 行后再加到第 i 行得到第三种初等矩阵，一般用 $\boldsymbol{T}_{ij}(k)$ 表示：

$$\boldsymbol{T}_{ij}(k)=\begin{pmatrix}1&&&&&&&&&&\\&\ddots&&&&&&&&&\\&&1&&&&&&&&\\&&&1&\cdots&\cdots&\cdots&k&&&\\&&&\vdots&1&&&\vdots&&&\\&&&\vdots&&\ddots&&\vdots&&&\\&&&\vdots&&&1&\vdots&&&\\&&&0&\cdots&\cdots&\cdots&1&&&\\&&&&&&&&1&&\\&&&&&&&&&\ddots&\\&&&&&&&&&&1\end{pmatrix}\begin{matrix}\\\\\\\cdots\cdots \text{第 } i \text{ 行}\\\\\\\\\cdots\cdots \text{第 } j \text{ 行}\\\\\\\\\end{matrix}$$

② 初等矩阵的性质.

a. $\boldsymbol{P}_{ij}^{-1}=\boldsymbol{P}_{ij}$；

b. $\boldsymbol{D}_i^{-1}(k)=\boldsymbol{D}_i(\frac{1}{k})(k\neq 0)$；

c. $\boldsymbol{T}_{ij}^{-1}(k)=\boldsymbol{T}_{ij}(-k)$.

(3) 矩阵的等价.

① 定义：当 $\boldsymbol{P},\boldsymbol{Q}$ 可逆时，若 $\boldsymbol{PAQ}=\boldsymbol{B}$ 成立，表示对矩阵 $\boldsymbol{A}$ 施行了初等变换而得到矩阵 $\boldsymbol{B}$，这时称矩阵 $\boldsymbol{A}$ 与矩阵 $\boldsymbol{B}$ 是等价的.

② 性质.

a. 反身性：$\boldsymbol{A}$ 与 $\boldsymbol{A}$ 等价. 由 $\boldsymbol{EAE}=\boldsymbol{A}$ 可得.

b. 对称性：$\boldsymbol{A}$ 与 $\boldsymbol{B}$ 等价，则 $\boldsymbol{B}$ 与 $\boldsymbol{A}$ 等价，事实上：若 $\boldsymbol{PAQ}=\boldsymbol{B}$，有 $\boldsymbol{P}^{-1}\boldsymbol{BQ}^{-1}=\boldsymbol{A}$，表明矩阵 $\boldsymbol{B}$ 与矩阵 $\boldsymbol{A}$ 是等价的.

c. 传递性：若 $\boldsymbol{A}$ 与 $\boldsymbol{B}$ 等价，$\boldsymbol{B}$ 与 $\boldsymbol{C}$ 等价，则 $\boldsymbol{A}$ 与 $\boldsymbol{C}$ 等价.

(4) 矩阵的初等变换下的标准型.

① 任何一个矩阵 $\boldsymbol{A}$ 经过行初等变换总可以化成行阶梯形矩阵 $\boldsymbol{F}$.

对矩阵 $(\boldsymbol{A}\vdots\boldsymbol{E})$ 作行初等变换

$$(\boldsymbol{A}\vdots\boldsymbol{E})\overset{r}{\leftrightarrow}\boldsymbol{P}(\boldsymbol{A}\vdots\boldsymbol{E})=(\boldsymbol{PA}\vdots\boldsymbol{PE})=(\boldsymbol{F}\vdots\boldsymbol{P})$$

② 特别的，如果矩阵 $\boldsymbol{A}$ 是 n 阶可逆矩阵，那么按照上面的方法得到的矩阵 $\boldsymbol{P}$ 就是 $\boldsymbol{A}^{-1}$，即

$$(\boldsymbol{A}\vdots\boldsymbol{E})\overset{r}{\leftrightarrow}\boldsymbol{P}(\boldsymbol{A}\vdots\boldsymbol{E})=(\boldsymbol{PA}\vdots\boldsymbol{PE})=(\boldsymbol{E}\vdots\boldsymbol{A}^{-1})$$

③ 当解矩阵方程 $\boldsymbol{AX}=\boldsymbol{B}$ 时，如果 $\boldsymbol{A}$ 是可逆的，则有 $\boldsymbol{X}=\boldsymbol{A}^{-1}\boldsymbol{B}$，也可以利用上面的行变换来解

$$(\boldsymbol{A}\vdots\boldsymbol{B})\overset{r}{\leftrightarrow}\boldsymbol{P}(\boldsymbol{A}\vdots\boldsymbol{B})=(\boldsymbol{PA}\vdots\boldsymbol{PB})=(\boldsymbol{E}\vdots\boldsymbol{A}^{-1}\boldsymbol{B})$$

三、典型题解

例 3.1　已知 $\boldsymbol{A}=\begin{pmatrix}1&1&-1\\2&1&0\\1&-1&0\end{pmatrix}$，求 $\boldsymbol{A}^{-1}$.

解　$(\boldsymbol{A}\vdots\boldsymbol{E})=\begin{pmatrix}1&1&-1&1&0&0\\2&1&0&0&1&0\\1&-1&0&0&0&1\end{pmatrix}\longrightarrow$

$$\begin{pmatrix}1&1&-1&1&0&0\\0&-1&2&-2&1&0\\0&-2&1&-1&0&1\end{pmatrix}\longrightarrow\begin{pmatrix}1&1&-1&1&0&0\\0&-1&2&-2&1&0\\0&0&-3&3&-2&1\end{pmatrix}\longrightarrow$$

$$\begin{pmatrix}1&1&-1&1&0&0\\0&1&-2&2&-1&0\\0&0&1&-1&\frac{2}{3}&-\frac{1}{3}\end{pmatrix}\longrightarrow\begin{pmatrix}1&0&1&-1&1&0\\0&1&-2&2&-1&0\\0&0&1&-1&\frac{2}{3}&-\frac{1}{3}\end{pmatrix}\longrightarrow$$

$$\begin{pmatrix}1&0&0&0&-\frac{2}{3}&\frac{1}{3}\\0&1&0&0&\frac{1}{3}&-\frac{2}{3}\\0&0&1&-1&\frac{2}{3}&-\frac{1}{3}\end{pmatrix}=(\boldsymbol{E}\vdots\boldsymbol{A}^{-1})$$

则

$$\boldsymbol{A}^{-1}=\begin{pmatrix}0&-\frac{2}{3}&\frac{1}{3}\\0&\frac{1}{3}&-\frac{2}{3}\\-1&\frac{2}{3}&-\frac{1}{3}\end{pmatrix}$$

例 3.2　已知 $\boldsymbol{A}=\begin{pmatrix}2&2&3\\1&-1&0\\-1&2&1\end{pmatrix}$，求 $\boldsymbol{A}^{-1}$.

解　$(\boldsymbol{A}\vdots\boldsymbol{E})=\begin{pmatrix}2&2&3&1&0&0\\1&-1&0&0&1&0\\-1&2&1&0&0&1\end{pmatrix}\longrightarrow\begin{pmatrix}1&-1&0&0&1&0\\2&2&3&1&0&0\\-1&2&1&0&0&1\end{pmatrix}\longrightarrow$

$$\begin{pmatrix}1 & -1 & 0 & 0 & 1 & 0\\0 & 4 & 3 & 1 & -2 & 0\\0 & 1 & 1 & 0 & 1 & 1\end{pmatrix}\longrightarrow$$

$$\begin{pmatrix}1 & -1 & 0 & 0 & 1 & 0\\0 & 1 & 1 & 0 & 1 & 1\\0 & 4 & 3 & 1 & -2 & 0\end{pmatrix}\longrightarrow$$

$$\begin{pmatrix}1 & -1 & 0 & 0 & 1 & 0\\0 & 1 & 1 & 0 & 1 & 1\\0 & 0 & -1 & 1 & -6 & -4\end{pmatrix}\longrightarrow$$

$$\begin{pmatrix}1 & 0 & 1 & 0 & 2 & 1\\0 & 1 & 1 & 0 & 1 & 1\\0 & 0 & 1 & -1 & 6 & 4\end{pmatrix}\longrightarrow$$

$$\begin{pmatrix}1 & 0 & 0 & 1 & -4 & -3\\0 & 1 & 0 & 1 & -5 & -3\\0 & 0 & 1 & -1 & 6 & 4\end{pmatrix}=(\boldsymbol{E}\vdots\boldsymbol{A}^{-1})$$

则

$$\boldsymbol{A}^{-1}=\begin{pmatrix}1 & -4 & -3\\1 & -5 & -3\\-1 & 6 & 4\end{pmatrix}$$

例 3.3 设已知 $\boldsymbol{A}=\begin{pmatrix}1 & 0\\-1 & 3\end{pmatrix}$，$\boldsymbol{B}=\begin{pmatrix}2 & 3\\0 & 1\end{pmatrix}$，求 $\boldsymbol{AX}=\boldsymbol{B}$ 中的 $\boldsymbol{X}$.

解 $(\boldsymbol{A},\boldsymbol{B})=\begin{pmatrix}1 & 0 & 2 & 3\\-1 & 3 & 0 & 1\end{pmatrix}\xrightarrow{r_2+r_1}\begin{pmatrix}1 & 0 & 2 & 3\\0 & 3 & 2 & 4\end{pmatrix}\xrightarrow{r_2\div 3}$

$$\begin{pmatrix}1 & 0 & 2 & 3\\0 & 1 & \frac{2}{3} & \frac{4}{3}\end{pmatrix}=(\boldsymbol{E},\boldsymbol{X})$$

得

$$\boldsymbol{X}=\begin{pmatrix}2 & 3\\\frac{2}{3} & \frac{4}{3}\end{pmatrix}$$

例 3.4 已知 $\boldsymbol{A}=\begin{pmatrix}1 & 1 & -1\\0 & 2 & 2\\1 & -1 & 0\end{pmatrix}$，$\boldsymbol{B}=\begin{pmatrix}1 & -1 & 1\\1 & 1 & 0\\2 & 1 & 1\end{pmatrix}$，求 $\boldsymbol{AX}=\boldsymbol{B}$ 中的 $\boldsymbol{X}$.

解 $(\boldsymbol{A}\vdots\boldsymbol{B})=\begin{pmatrix}1 & 1 & -1 & 1 & -1 & 1\\0 & 2 & 2 & 1 & 1 & 0\\1 & -1 & 0 & 2 & 1 & 1\end{pmatrix}\longrightarrow$

$$\begin{pmatrix}1 & 1 & -1 & 1 & -1 & 1\\0 & 2 & 2 & 1 & 1 & 0\\0 & -2 & 1 & 1 & 2 & 0\end{pmatrix}\xrightarrow{r_3+r_2}$$

$$\begin{pmatrix} 1 & 1 & -1 & 1 & -1 & 1 \\ 0 & 2 & 2 & 1 & 1 & 0 \\ 0 & 0 & 3 & 2 & 3 & 0 \end{pmatrix} \longrightarrow$$

$$\begin{pmatrix} 1 & 1 & -1 & 1 & -1 & 1 \\ 0 & 1 & 1 & \frac{1}{2} & \frac{1}{2} & 0 \\ 0 & 0 & 1 & \frac{2}{3} & 1 & 0 \end{pmatrix} \longrightarrow$$

$$\begin{pmatrix} 1 & 0 & -2 & \frac{1}{2} & -\frac{3}{2} & 1 \\ 0 & 1 & 1 & \frac{1}{2} & \frac{1}{2} & 0 \\ 0 & 0 & 1 & \frac{2}{3} & 1 & 0 \end{pmatrix} \longrightarrow$$

$$\begin{pmatrix} 1 & 0 & 0 & \frac{11}{6} & \frac{1}{2} & 1 \\ 0 & 1 & 0 & -\frac{1}{6} & -\frac{1}{2} & 0 \\ 0 & 0 & 1 & \frac{2}{3} & 1 & 0 \end{pmatrix} = (\boldsymbol{E} \vdots \boldsymbol{X})$$

则

$$\boldsymbol{X} = \begin{pmatrix} \frac{11}{6} & \frac{1}{2} & 1 \\ -\frac{1}{6} & -\frac{1}{2} & 0 \\ \frac{2}{3} & 1 & 0 \end{pmatrix}$$

例 3.5　已知 $\boldsymbol{A} = \begin{pmatrix} 4 & 2 & 3 \\ 1 & 1 & 0 \\ -1 & 2 & 3 \end{pmatrix}$，求满足 $\boldsymbol{AX} = \boldsymbol{A} + 2\boldsymbol{X}$ 中的 $\boldsymbol{X}$.

解　由 $\boldsymbol{AX} = \boldsymbol{A} + 2\boldsymbol{X}$ 可得 $(\boldsymbol{A} - 2\boldsymbol{E})\boldsymbol{X} = \boldsymbol{A}$.

$$((\boldsymbol{A} - 2\boldsymbol{E}) \vdots \boldsymbol{A}) = \begin{pmatrix} 2 & 2 & 3 & 4 & 2 & 3 \\ 1 & -1 & 0 & 1 & 1 & 0 \\ -1 & 2 & 1 & -1 & 2 & 3 \end{pmatrix} \longrightarrow \begin{pmatrix} 1 & -1 & 0 & 1 & 1 & 0 \\ 2 & 2 & 3 & 4 & 2 & 3 \\ -1 & 2 & 1 & -1 & 2 & 3 \end{pmatrix} \longrightarrow$$

$$\begin{pmatrix} 1 & -1 & 0 & 1 & 1 & 0 \\ 0 & 4 & 3 & 2 & 0 & 3 \\ 0 & 1 & 1 & 0 & 3 & 3 \end{pmatrix} \longrightarrow \begin{pmatrix} 1 & -1 & 0 & 1 & 1 & 0 \\ 0 & 1 & 1 & 0 & 3 & 3 \\ 0 & 4 & 3 & 2 & 0 & 3 \end{pmatrix} \xrightarrow{r_3 - 4r_2}$$

$$\begin{pmatrix} 1 & -1 & 0 & 1 & 1 & 0 \\ 0 & 1 & 1 & 0 & 3 & 3 \\ 0 & 0 & -1 & 2 & -12 & -9 \end{pmatrix} \xrightarrow{r_1 + r_2}$$

$$\begin{pmatrix}1&0&1&1&4&3\\0&1&1&0&3&3\\0&0&-1&2&-12&-9\end{pmatrix}\longrightarrow$$

$$\begin{pmatrix}1&0&0&3&-8&-6\\0&1&0&2&-9&-6\\0&0&1&-2&12&9\end{pmatrix}=(\boldsymbol{E}\vdots\boldsymbol{X})$$

则

$$\boldsymbol{X}=\begin{pmatrix}3&-8&-6\\2&-9&-6\\-2&12&9\end{pmatrix}$$

例 3.6 已知 $\boldsymbol{A}=\begin{pmatrix}1&0&0\\0&-1&2\\0&1&3\end{pmatrix}$，$\boldsymbol{B}=\begin{pmatrix}1&0&2\\4&1&3\end{pmatrix}$，求 $\boldsymbol{XA}=\boldsymbol{B}$ 中的 $\boldsymbol{X}$.

解 $(\boldsymbol{A}^{\mathrm{T}}\vdots\boldsymbol{B}^{\mathrm{T}})=\begin{pmatrix}1&0&0&1&4\\0&-1&1&0&1\\0&2&3&2&3\end{pmatrix}\xrightarrow{r_3+2r_2}\begin{pmatrix}1&0&0&1&4\\0&-1&1&0&1\\0&0&5&2&5\end{pmatrix}\longrightarrow$

$$\begin{pmatrix}1&0&0&1&4\\0&1&-1&0&-1\\0&0&1&\frac{2}{5}&1\end{pmatrix}\xrightarrow{r_2+r_3}\begin{pmatrix}1&0&0&1&4\\0&1&0&\frac{2}{5}&0\\0&0&1&\frac{2}{5}&1\end{pmatrix}=(\boldsymbol{E}\vdots\boldsymbol{X}^{\mathrm{T}})$$

则

$$\boldsymbol{X}=(\boldsymbol{X}^{\mathrm{T}})^{\mathrm{T}}=\begin{pmatrix}1&\frac{2}{5}&\frac{2}{5}\\4&0&1\end{pmatrix}$$

注 初等行变换(行最简形)的第 4 种应用是求线性方程组的解，在本章 3.3 节中介绍.

3.2 矩阵的秩

一、基本要求

(1) 理解矩阵的 k 阶子式；

(2) 掌握矩阵的秩.

二、知识考点概述

(1) k 阶子式.

在一个 $m\times n$ 矩阵中，任意取 k 行 k 列($k\leqslant m,k\leqslant n$)，位于这些行列交点处的元素所构成的行列式称为这个矩阵的一个 k 阶子式.

(2) 矩阵的秩.

一个矩阵中非零子式的最大阶数称为这个矩阵的秩.若一个矩阵没有非零子式，就认为这个矩阵的秩是零.

(3) 行阶梯形的直接应用:求矩阵 $\boldsymbol{A}$ 的秩及最高阶非零子式.

方法:① $\boldsymbol{A}\to$ 行阶梯形(行阶梯形的非零行行数 r 即为矩阵 $\boldsymbol{A}$ 的秩),$r(\boldsymbol{A})=r$.

② 找出非零行非零首元所在的 r 行和 r 列.

③ 在矩阵 $\boldsymbol{A}$ 中找出位于上述 r 行和 r 列交叉处元素构成的 r 阶子式.

④ 验证,若该 r 阶子式不等于零,则为矩阵 $\boldsymbol{A}$ 的一个最高阶非零子式;若该 r 阶子式等于零,则不是矩阵 $\boldsymbol{A}$ 的最高阶非零子式,由 $\boldsymbol{A}$ 的 r 阶子式的定义找到一个不为零的 r 阶子式为最高阶非零子式.

(4) 矩阵秩的性质:

三、典型题解

例 3.7　$\boldsymbol{A}=\begin{pmatrix}2&-2&2&12&6\\-1&1&1&3&2\\-8&8&2&-3&1\end{pmatrix}$,求矩阵 $\boldsymbol{A}$ 的秩及最高阶非零子式.

解　$\begin{pmatrix}2&-2&2&12&6\\-1&1&1&3&2\\-8&8&2&-3&1\end{pmatrix}\longrightarrow\begin{pmatrix}-1&1&1&3&2\\2&-2&2&12&6\\-8&8&2&-3&1\end{pmatrix}\longrightarrow$

$\begin{pmatrix}-1&1&1&3&2\\0&0&2&9&5\\0&0&0&0&0\end{pmatrix}$

$r(\boldsymbol{A})=2$,$\begin{vmatrix}2&2\\-1&1\end{vmatrix}=2\neq 0$ 为矩阵 $\boldsymbol{A}$ 的最高阶非零子式.

例 3.8　$\boldsymbol{A}=\begin{pmatrix}1&-1&2&1&0\\2&-2&4&-2&0\\3&0&6&-1&1\\0&3&0&0&1\end{pmatrix}$,求矩阵 $\boldsymbol{A}$ 的秩及最高阶非零子式.

解　$\begin{pmatrix}1&-1&2&1&0\\2&-2&4&-2&0\\3&0&6&-1&1\\0&3&0&0&1\end{pmatrix}\longrightarrow\begin{pmatrix}1&-1&2&1&0\\0&0&0&-4&0\\0&3&0&-4&1\\0&3&0&0&1\end{pmatrix}\longrightarrow$

$\begin{pmatrix}1&-1&2&1&0\\0&3&0&0&1\\0&3&0&-4&1\\0&0&0&-4&0\end{pmatrix}\xrightarrow{r_3-r_2}\begin{pmatrix}1&-1&2&1&0\\0&3&0&0&1\\0&0&0&-4&0\\0&0&0&-4&0\end{pmatrix}\xrightarrow{r_4-r_3}$

$\begin{pmatrix}1&-1&2&1&0\\0&3&0&0&1\\0&0&0&-4&0\\0&0&0&0&0\end{pmatrix}$

$$r(\boldsymbol{A})=3$$

$$\begin{vmatrix} 1 & -1 & 1 \\ 2 & -2 & -2 \\ 3 & 0 & -1 \end{vmatrix} = 12 \neq 0$$

为矩阵 $\boldsymbol{A}$ 的最高阶非零子式.

例 3.9 设三阶矩阵 $\boldsymbol{A}$ 为

$$\boldsymbol{A} = \begin{pmatrix} x & 1 & 1 \\ 1 & x & 1 \\ 1 & 1 & x \end{pmatrix}$$

试求秩 $r(\boldsymbol{A})$.

分析 矩阵 $\boldsymbol{A}$ 含有参数 x,因此其秩一般随 x 的变化而变化,讨论其秩主要从两点着手分析:矩阵秩的行列式定义和初等变换不改变矩阵的秩.

解 1 直接从矩阵秩的行列式定义出发讨论

由于

$$\begin{vmatrix} x & 1 & 1 \\ 1 & x & 1 \\ 1 & 1 & x \end{vmatrix} = (x+2)(x-1)^2$$

故

① 当 $x \neq 1$ 且 $x \neq -2$ 时,$|\boldsymbol{A}| \neq 0$,$r(\boldsymbol{A}) = 3$;

② 当 $x = 1$ 时,$|\boldsymbol{A}| = 0$,且 $\boldsymbol{A} = \begin{pmatrix} 1 & 1 & 1 \\ 1 & 1 & 1 \\ 1 & 1 & 1 \end{pmatrix}$,$r(\boldsymbol{A}) = 1$;

③ 当 $x = -2$ 时,$|\boldsymbol{A}| = 0$,且 $\boldsymbol{A} = \begin{pmatrix} -2 & 1 & 1 \\ 1 & -2 & 1 \\ 1 & 1 & -2 \end{pmatrix}$,这时有二阶子式 $\begin{vmatrix} -2 & 1 \\ 1 & -2 \end{vmatrix} \neq 0$. 因此 $r(\boldsymbol{A}) = 2$.

解 2 利用初等变换求秩

$$\boldsymbol{A} = \begin{pmatrix} x & 1 & 1 \\ 1 & x & 1 \\ 1 & 1 & x \end{pmatrix} \to \begin{pmatrix} 1 & 1 & x \\ 1 & x & 1 \\ x & 1 & 1 \end{pmatrix} \to \begin{pmatrix} 1 & 1 & x \\ 0 & x-1 & 1-x \\ x & 1-x & 1-x^2 \end{pmatrix} \to$$

$$\begin{pmatrix} 1 & 1 & x \\ 0 & x-1 & 1-x \\ 0 & 0 & -(x+2)(x-1) \end{pmatrix}$$

因此

① 当 $x \neq 1$ 且 $x \neq -2$ 时,$r(\boldsymbol{A}) = 3$;

② 当 $x = 1$ 时,$r(\boldsymbol{A}) = 1$;

③ 当 $x = -2$ 时,$r(\boldsymbol{A}) = 2$.

例 3.10 设 $\boldsymbol{A}$ 为 5×4 矩阵

$$A=\begin{pmatrix}1&2&3&1\\2&-1&k&2\\0&1&1&3\\1&-1&0&4\\2&0&2&5\end{pmatrix}$$

且 A 的秩为 3，求 k.

解 1　用初等变换

$$A=\begin{pmatrix}1&2&3&1\\2&-1&k&2\\0&1&1&3\\1&-1&0&4\\2&0&2&5\end{pmatrix}\to\begin{pmatrix}1&2&3&1\\0&-5&k-6&0\\0&1&1&3\\0&-3&-3&3\\0&-4&-4&3\end{pmatrix}\to$$

$$\begin{pmatrix}1&2&3&1\\0&1&1&3\\0&0&k-1&15\\0&0&0&12\\0&0&0&15\end{pmatrix}\to\begin{pmatrix}1&2&3&1\\0&1&1&3\\0&0&k-1&15\\0&0&0&1\\0&0&0&0\end{pmatrix}$$

可见，$r(A)=3$，则必有 $k-1=0$，即 $k=1$.

解 2　因为 A 的秩为 3，故其 4 阶子式

$$\begin{vmatrix}1&2&3&1\\2&-1&k&2\\0&1&1&3\\1&-1&0&4\end{vmatrix}=0$$

解得 $k=1$.

例 3.11　设 A^* 为 n 阶矩阵 A 的伴随矩阵，证明

$$r(A^*)=\begin{cases}n, r(A)=n\\1, r(A)=n-1\\0, r(A)<n-1\end{cases}$$

证明　① 已知 $r(A)=n$，则 A 可逆，$|A|\neq 0$，由 $AA^*=|A|E$ 知 A^* 可逆，所以 $r(A^*)=n$.

② 若 $r(A)=n-1$，则 $A|A|=0$，由 $AA^*=|A|E=0$，$r(A)+r(A^*)\leqslant n$，$r(A^*)\leqslant n-r(A)=1$，又 $r(A)=n-1$，由矩阵秩的行列式定义有，矩阵 A 至少有一个 $n-1$ 阶子式不为零，那么矩阵 A^* 中至少有一个元素非零，所以 $r(A^*)\geqslant 1$，从而有 $r(A^*)=1$.

③ 若 $r(A)<n-1$，则 A 的任一 $n-1$ 阶子式为零，故 $A^*=0$，所以 $r(A^*)=0$.

3.3 线性方程组的解

一、基本要求

(1) 线性方程组可解的充要条件;

(2) 掌握矩阵的秩的性质.

二、知识考点概述

(1)n 元方程组.

n 元齐次线性方程组:$\boldsymbol{Ax}=\boldsymbol{0}$.

n 元线性方程组:$\boldsymbol{Ax}=\boldsymbol{b}$.

其中 $\boldsymbol{A}=\begin{pmatrix} a_{11} & \cdots & a_{1n} \\ \vdots & & \vdots \\ a_{m1} & \cdots & a_{mn} \end{pmatrix}$ 为系数矩阵,$\boldsymbol{x}=\begin{pmatrix} x_1 \\ \vdots \\ x_n \end{pmatrix}$ 为未知数矩阵,

$\boldsymbol{b}=\begin{pmatrix} b_1 \\ \vdots \\ b_m \end{pmatrix}$ 称为常数项矩阵,$(\boldsymbol{A} \vdots \boldsymbol{b})=\begin{pmatrix} a_{11} & \cdots & a_{1n} & b_1 \\ \vdots & & \vdots & \vdots \\ a_{m1} & \cdots & a_{mn} & b_m \end{pmatrix}$ 称为增广矩阵.

(2)n 元齐次线性方程组的解.

$\boldsymbol{Ax}=\boldsymbol{0}$ 永远有解,当 $r(\boldsymbol{A})=n$ 时,有唯一的零解;

当 $r(\boldsymbol{A})=r<n$ 时,有含有 $n-r$ 个自由未知量的公式解.

(3)n 元线性方程组 $\boldsymbol{Ax}=\boldsymbol{b}$ 的解.

① 无解 $\Leftrightarrow r(\boldsymbol{A})<r(\boldsymbol{A} \vdots \boldsymbol{b})$;

② 有唯一解 $\Leftrightarrow r(\boldsymbol{A})=r(\boldsymbol{A} \vdots \boldsymbol{b})=n$.

③ 有无限多解 $\Leftrightarrow r(\boldsymbol{A})=r(\boldsymbol{A} \vdots \boldsymbol{b})=r<n$,此时是含 $n-r$ 个自由未知量的公式解.

(4) 线性方程组求解.

n 元齐次线性方程组 $\boldsymbol{Ax}=\boldsymbol{0}$ 求解方法:

a. 将系数矩阵 $\boldsymbol{A}\xrightarrow{r}$ 行阶梯形矩阵,从而得 $r(\boldsymbol{A})=r$,若 $r=n$(n 为未知数),则方程有唯一零解;

b. 若 $r<n$,方程有无穷解,将系数矩阵 $\boldsymbol{A}$ 的行阶梯形矩阵化为行最简形;

c. 把 $\boldsymbol{A}$ 的行最简形中非零行非零首元 1 所对应的 r 个变量化为非自由变量,剩余 $n-r$ 个变量设为自由变量,令自由变量分别为 $c_1,c_2,\cdots,c_{n-r}$,由 $\boldsymbol{B}$ 的行最简形,即可写出该方程的含有 $n-r$ 个参数 $c_1,c_2,\cdots,c_{n-r}$ 的通解.

(5) 非齐次线性方程组解的性质.

① 设 u 和 v 都是非齐次线性方程组 $\boldsymbol{AX}=\boldsymbol{b}$ 的解,则 $u-v$ 是其导出组 $\boldsymbol{AX}=\boldsymbol{0}$ 的解.

② 设 u 是非齐次线性方程组 $\boldsymbol{AX}=\boldsymbol{b}$ 的解,v 是其导出组 $\boldsymbol{AX}=\boldsymbol{0}$ 的解,则 $u+v$ 也是 $\boldsymbol{AX}=\boldsymbol{b}$ 的解.

③ 非齐次线性方程组 $\boldsymbol{AX}=\boldsymbol{b}$ 的通解,就是非齐次线性方程组 $\boldsymbol{AX}=\boldsymbol{b}$ 的任意一个特解加上其导出组的通解.

三、典型题解

(1)n 元非齐次线性方程组 $\boldsymbol{A}\boldsymbol{x}=\boldsymbol{b}$ 求解.

例 3.12　求线性方程组$\begin{cases}2x_1+x_2+x_3=0\\x_1+2x_2+x_3=3\\x_1+x_2+2x_3=1\end{cases}$的通解.

解　$\boldsymbol{B}=\begin{pmatrix}2&1&1&0\\1&2&1&3\\1&1&2&1\end{pmatrix}\longrightarrow\begin{pmatrix}1&2&1&3\\2&1&1&0\\1&1&2&1\end{pmatrix}\longrightarrow$

$\begin{pmatrix}1&2&1&3\\0&-3&-1&-6\\0&-1&1&-2\end{pmatrix}\longrightarrow\begin{pmatrix}1&2&1&3\\0&-1&1&-2\\0&-3&-1&-6\end{pmatrix}\xrightarrow{r_3-3r_2}$

$\begin{pmatrix}1&2&1&3\\0&-1&1&-2\\0&0&-4&0\end{pmatrix}$ $(r(\boldsymbol{A})=r(\boldsymbol{B})=3$ 唯一解$)\longrightarrow$

$\begin{pmatrix}1&2&1&3\\0&1&-1&2\\0&0&1&0\end{pmatrix}\xrightarrow{r_1-2r_2}\begin{pmatrix}1&0&3&-1\\0&1&-1&2\\0&0&1&0\end{pmatrix}\longrightarrow$

$\begin{pmatrix}1&0&0&-1\\0&1&0&2\\0&0&1&0\end{pmatrix}$

解得

$$\begin{cases}x_1=-1\\x_2=2\\x_3=0\end{cases}$$

通解为

$$\boldsymbol{X}=\begin{pmatrix}-1\\2\\0\end{pmatrix}$$

例 3.13　求解$\begin{cases}x_1+3x_2+3x_3=16\\x_1+4x_2+3x_3=18\\x_1+3x_2+4x_3=19\end{cases}$.

解　$\boldsymbol{A}=\begin{pmatrix}1&3&3&16\\1&4&3&18\\1&3&4&19\end{pmatrix}\xrightarrow[r_3-r_1]{r_2-r_1}\begin{pmatrix}1&3&3&16\\0&1&0&2\\0&0&1&3\end{pmatrix}\xrightarrow{r_1-3r_3}\begin{pmatrix}1&3&0&7\\0&1&0&2\\0&0&1&3\end{pmatrix}\xrightarrow{r_1-3r_2}$

$\begin{pmatrix}1&0&0&1\\0&1&0&2\\0&0&1&3\end{pmatrix}$

所以有

$$\begin{cases}x_1=1\\x_2=2\\x_3=3\end{cases}$$

注 唯一解的解法.①Cramer 法则;② 逆矩阵法;③ 初等变换法.

例 3.14 求线性方程组$\begin{cases}x_1-2x_2-x_3-x_4=-1\\ 2x_1+x_2-3x_3=2\\ 5x_2-x_3+2x_4=4\end{cases}$的通解.

解 $$\boldsymbol{B}=(\boldsymbol{A}\vdots\boldsymbol{b})=\begin{pmatrix}1&-2&-1&-1&-1\\2&1&-3&0&2\\0&5&-1&2&4\end{pmatrix}\xrightarrow{r_2-2r_1}$$

$$\begin{pmatrix}1&-2&-1&-1&-1\\0&5&-1&2&4\\0&5&-1&2&4\end{pmatrix}\longrightarrow\begin{pmatrix}1&-2&-1&-1&-1\\0&1&-\frac{1}{5}&\frac{2}{5}&\frac{4}{5}\\0&0&0&0&0\end{pmatrix}$$

$$(r(\boldsymbol{A})=r(\boldsymbol{B})=2<4\text{ 无穷解})\xrightarrow{r_1+2r_2}\begin{pmatrix}1&0&-\frac{7}{5}&-\frac{1}{5}&\frac{3}{5}\\0&1&-\frac{1}{5}&\frac{2}{5}&\frac{4}{5}\\0&0&0&0&0\end{pmatrix}$$

代入 x_1,x_2,x_3,x_4 得

$$\begin{cases}x_1-\frac{7}{5}x_3-\frac{1}{5}x_4=\frac{3}{5}\\x_2-\frac{1}{5}x_3+\frac{2}{5}x_4=\frac{4}{5}\end{cases},\quad\begin{cases}x_1=\frac{7}{5}x_3+\frac{1}{5}x_4+\frac{3}{5}\\x_2=\frac{1}{5}x_3-\frac{2}{5}x_4+\frac{4}{5}\end{cases}$$

自由变量为 x_3,x_4,设

$$\begin{cases}x_3=c_1\\x_4=c_2\end{cases}$$

得

$$\begin{cases}x_1=\frac{7}{5}c_1+\frac{1}{5}c_2+\frac{3}{5}\\x_2=\frac{1}{5}c_1-\frac{2}{5}c_2+\frac{4}{5}\\x_3=c_1\\x_4=c_2\end{cases}$$

通解为

$$\boldsymbol{X}=\begin{pmatrix}\frac{7}{5}\\\frac{1}{5}\\1\\0\end{pmatrix}c_1+\begin{pmatrix}\frac{1}{5}\\-\frac{2}{5}\\0\\1\end{pmatrix}c_2+\begin{pmatrix}\frac{3}{5}\\\frac{4}{5}\\0\\0\end{pmatrix}\quad(c_1,c_2\in\mathbf{R})$$

例 3.15 $\begin{cases} 2x_1 + x_2 - x_3 + x_4 = 1 \\ 4x_1 + 2x_2 - 2x_3 + x_4 = 2 \\ 2x_1 + x_2 - x_3 - x_4 = 1 \end{cases}$，求该方程的通解.

解

$$\boldsymbol{B} = (\boldsymbol{A} \vdots \boldsymbol{b}) = \begin{pmatrix} 2 & 1 & -1 & 1 & 1 \\ 4 & 2 & -2 & 1 & 2 \\ 2 & 1 & -1 & -1 & 1 \end{pmatrix} \longrightarrow \begin{pmatrix} 2 & 1 & -1 & 1 & 1 \\ 0 & 0 & 0 & -1 & 0 \\ 0 & 0 & 0 & -2 & 0 \end{pmatrix} \xrightarrow{r_3 - 2r_2}$$

$$\begin{pmatrix} 2 & 1 & -1 & 1 & 1 \\ 0 & 0 & 0 & -1 & 0 \\ 0 & 0 & 0 & 0 & 0 \end{pmatrix} (r(\boldsymbol{A}) = r(\boldsymbol{B}) = 2 < 4 \text{ 无穷解}) \xrightarrow{r_1 + r_2}$$

$$\begin{pmatrix} 2 & 1 & -1 & 0 & 1 \\ 0 & 0 & 0 & -1 & 0 \\ 0 & 0 & 0 & 0 & 0 \end{pmatrix} \longrightarrow \begin{pmatrix} 1 & \frac{1}{2} & -\frac{1}{2} & 0 & \frac{1}{2} \\ 0 & 0 & 0 & 1 & 0 \\ 0 & 0 & 0 & 0 & 0 \end{pmatrix}$$

代入 x_1, x_2, x_3, x_4 得

$$\begin{cases} x_1 - \frac{1}{2}x_2 - \frac{1}{2}x_3 = \frac{1}{2} \\ x_4 = 0 \end{cases}, \quad \begin{cases} x_1 = \frac{1}{2}x_2 + \frac{1}{2}x_3 + \frac{1}{2} \\ x_4 = 0 \end{cases}$$

设

$$\begin{cases} x_2 = c_1 \\ x_3 = c_2 \end{cases}$$

代入得

$$\begin{cases} x_1 = \frac{1}{2}c_1 + \frac{1}{2}c_2 + \frac{1}{2} \\ x_2 = c_1 \\ x_3 = c_2 \\ x_4 = 0 \end{cases}$$

通解为

$$\boldsymbol{X} = \begin{pmatrix} \frac{1}{2} \\ 1 \\ 0 \\ 0 \end{pmatrix} c_1 + \begin{pmatrix} \frac{1}{2} \\ 0 \\ 1 \\ 0 \end{pmatrix} c_2 + \begin{pmatrix} \frac{1}{2} \\ 0 \\ 0 \\ 0 \end{pmatrix} \quad (c_1, c_2 \in \mathbf{R})$$

例 3.16 求解 $\begin{cases} x_1 - x_2 + x_3 - x_4 = 1 \\ x_1 - x_2 - x_3 + x_4 = 0 \\ 2x_1 - 2x_2 - 4x_3 + 4x_4 = -1 \end{cases}$.

解

$$(\boldsymbol{A}\boldsymbol{b}) = \begin{pmatrix} 1 & -1 & 1 & -1 & 1 \\ 1 & -1 & -1 & 1 & 0 \\ 2 & -2 & -4 & 4 & -1 \end{pmatrix} \xrightarrow[r_3 - 2r_1]{r_2 - r_1} \begin{pmatrix} 1 & -1 & 1 & -1 & 1 \\ 0 & 0 & -2 & 2 & -1 \\ 0 & 0 & -6 & 6 & -3 \end{pmatrix}$$

$$\xrightarrow{r_3-3r_2}\begin{pmatrix}1 & -1 & 1 & -1 & 1\\0 & 0 & -2 & 2 & -1\\0 & 0 & 0 & 0 & 0\end{pmatrix}\xrightarrow{-\frac{1}{2}r_2}\begin{pmatrix}1 & -1 & 1 & -1 & 1\\0 & 0 & 1 & -1 & \frac{1}{2}\\0 & 0 & 0 & 0 & 0\end{pmatrix}$$

$$\xrightarrow{r_1-r_2}\begin{pmatrix}1 & -1 & 0 & 0 & \frac{1}{2}\\0 & 0 & 1 & -1 & \frac{1}{2}\\0 & 0 & 0 & 0 & 0\end{pmatrix}$$

所以与之对应的方程组为

$$\begin{cases}x_1-x_2=\frac{1}{2}\\x_3-x_4=\frac{1}{2}\end{cases}$$

即

$$\begin{cases}x_1=\frac{1}{2}+x_2\\x_3=\frac{1}{2}+x_4\end{cases}$$

也即是

$$\begin{cases}x_1=\frac{1}{2}+x_2\\x_2=x_2\\x_3=\frac{1}{2}+x_4\\x_4=x_4\end{cases}$$

所以方程组的通解为

$$\begin{pmatrix}x_1\\x_2\\x_3\\x_4\end{pmatrix}=\begin{pmatrix}\frac{1}{2}\\0\\\frac{1}{2}\\0\end{pmatrix}+C_1\begin{pmatrix}1\\1\\0\\0\end{pmatrix}+C_2\begin{pmatrix}0\\0\\1\\1\end{pmatrix}$$

其中 C_1、C_2 为任意实数.

注 ① 本例是非齐次线性方程组的一般解法,在解的过程中注意将增广矩阵化为最简行阶梯阵.

② 非齐次线性方程组的导出组.

③ 导出组的基础解系.

例 3.17 当 λ 为何值时,方程组 $\begin{cases}\lambda x_1+x_2+x_3=1\\x_1+\lambda x_2+x_3=\lambda\\x_1+x_2+\lambda x_3=\lambda^2\end{cases}$

① 有唯一解；② 无解；③ 有无穷多解？

解

$$(\boldsymbol{Ab})=\begin{pmatrix}\lambda & 1 & 1 & 1\\ 1 & \lambda & 1 & \lambda\\ 1 & 1 & \lambda & \lambda^2\end{pmatrix}\xrightarrow{r_3\leftrightarrow r_1}\begin{pmatrix}1 & 1 & \lambda & \lambda^2\\ 1 & \lambda & 1 & \lambda\\ \lambda & 1 & 1 & 1\end{pmatrix}\xrightarrow[r_3-\lambda r_1]{r_2-r_1}\begin{pmatrix}1 & 1 & \lambda & \lambda^2\\ 0 & \lambda-1 & 1-\lambda & \lambda-\lambda^2\\ 0 & 1-\lambda & 1-\lambda^2 & 1-\lambda^3\end{pmatrix}$$

$$\xrightarrow{r_3+r_2}\begin{pmatrix}1 & 1 & \lambda & \lambda^2\\ 0 & \lambda-1 & 1-\lambda & \lambda-\lambda^2\\ 0 & 0 & (1-\lambda)(2+\lambda) & (1-\lambda)(1+\lambda)^2\end{pmatrix}$$

① 当 $\lambda\neq 1$ 且 $\lambda\neq -2$ 时，$r(\boldsymbol{A})=r(\boldsymbol{Ab})=3$，有唯一解；

② 当 $\lambda=-2$ 时，$r(\boldsymbol{A})=2$，$r(\boldsymbol{Ab})=3$，无解；

③ 当 $\lambda=1$ 时，$r(\boldsymbol{A})=r(\boldsymbol{Ab})=1<3$，有无穷多解.

(2)n 元齐次线性方程组 $\boldsymbol{Ax}=\boldsymbol{0}$ 求解.

例 3.18 $\begin{cases}3x_1-2x_2-x_4=0\\ 2x_2+2x_3+x_4=0\\ x_1-2x_2-3x_3-2x_4=0\\ x_2+2x_3+x_4=0\end{cases}$ 求该方程的通解.

解
$$\boldsymbol{A}=\begin{pmatrix}3 & -2 & 0 & -1\\ 0 & 2 & 2 & 1\\ 1 & -2 & -3 & -2\\ 0 & 1 & 2 & 1\end{pmatrix}\longrightarrow\begin{pmatrix}1 & -2 & -3 & -2\\ 0 & 2 & 2 & 1\\ 3 & -2 & 0 & -1\\ 0 & 1 & 2 & 1\end{pmatrix}\xrightarrow{r_3-3r_1}$$

$$\begin{pmatrix}1 & -2 & -3 & -2\\ 0 & 2 & 2 & 1\\ 0 & 4 & 9 & 5\\ 0 & 1 & 2 & 1\end{pmatrix}\longrightarrow\begin{pmatrix}1 & -2 & -3 & -2\\ 0 & 1 & 2 & 1\\ 0 & 4 & 9 & 5\\ 0 & 2 & 2 & 1\end{pmatrix}\longrightarrow$$

$$\begin{pmatrix}1 & -2 & -3 & -2\\ 0 & 1 & 2 & 1\\ 0 & 0 & 1 & 1\\ 0 & 0 & -2 & -1\end{pmatrix}\xrightarrow{r_4+2r_3}\begin{pmatrix}1 & -2 & -3 & -2\\ 0 & 1 & 2 & 1\\ 0 & 0 & 1 & 1\\ 0 & 0 & 0 & 1\end{pmatrix}$$

($r(\boldsymbol{A})=4$ 唯一解零解)

$$x_1=x_2=\cdots=x_n=0$$

例 3.19 求$\begin{cases}3x_1+x_2+2x_4=0\\ x_1-x_2+2x_3-x_4=0\\ x_1+3x_2-4x_3+4x_4=0\end{cases}$ 的通解.

解
$$\boldsymbol{A}=\begin{pmatrix}3 & 1 & 0 & 2\\ 1 & -1 & 2 & -1\\ 1 & 3 & -4 & 4\end{pmatrix}\longrightarrow\begin{pmatrix}1 & -1 & 2 & -1\\ 3 & 1 & 0 & 2\\ 1 & 3 & -4 & 4\end{pmatrix}\longrightarrow$$

$$\begin{pmatrix}1 & -1 & 2 & -1\\0 & 4 & -6 & 5\\0 & 4 & -6 & 5\end{pmatrix}\xrightarrow{r_3-r_2}\begin{pmatrix}1 & -1 & 2 & -1\\0 & 4 & -6 & 5\\0 & 0 & 0 & 0\end{pmatrix}\ (r(\mathbf{A})=2<4\ \text{无穷解})$$

$$\xrightarrow{r_2\div 4}\begin{pmatrix}1 & -1 & 2 & -1\\0 & 1 & -\frac{3}{2} & \frac{5}{4}\\0 & 0 & 0 & 0\end{pmatrix}\xrightarrow{r_1+r_2}\begin{pmatrix}1 & 0 & \frac{1}{2} & \frac{1}{4}\\0 & 1 & -\frac{3}{2} & \frac{5}{4}\\0 & 0 & 0 & 0\end{pmatrix}$$

代入 x_1, x_2, x_3, x_4 得

$$\begin{cases}x_1+\frac{1}{2}x_3+\frac{1}{4}x_4=0\\x_2-\frac{3}{2}x_3+\frac{5}{4}x_4=0\end{cases}\quad\begin{cases}x_1=-\frac{1}{2}x_3-\frac{1}{4}x_4\\x_2=\frac{3}{2}x_3-\frac{5}{4}x_4\end{cases}$$

设

$$\begin{cases}x_3=c_1\\x_4=c_2\end{cases}$$

代入

$$\begin{cases}x_1=-\frac{1}{2}c_1-\frac{1}{4}c_2\\x_2=\frac{3}{2}c_1-\frac{5}{4}c_2\\x_3=c_1\\x_4=c_2\end{cases}$$

通解为

$$\mathbf{X}=\begin{pmatrix}-\frac{1}{2}\\\frac{3}{2}\\1\\0\end{pmatrix}c_1+\begin{pmatrix}-\frac{1}{4}\\-\frac{5}{4}\\0\\1\end{pmatrix}c_2\quad(c_1,c_2\in\mathbf{R})$$

单元测试题 A

一、填空题

1. n 元齐次线性方程组 $\mathbf{A}\boldsymbol{x}=\mathbf{0}$ 有无穷多解的充分必要条件是________.
2. n 元齐次线性方程组 $\mathbf{A}\boldsymbol{x}=\mathbf{0}$ 有唯一零解的充分必要条件是________.
3. 若 $\mathbf{A}$ 是 n 阶矩阵，若 $r(\mathbf{A})<n$，则 $|\mathbf{A}|=$________.
4. 若 n 元线性方程组 $\mathbf{A}\boldsymbol{x}=\boldsymbol{b}$ 有无穷多解，则 n 元齐线性方程组 $\mathbf{A}\boldsymbol{x}=\mathbf{0}$ 有________解.
5. 初等变换________矩阵的秩.
6. 设 $\mathbf{A}$ 为 n 阶矩阵，且 $|\mathbf{A}|=2$，$\boldsymbol{B}$ 是任意 n 阶矩阵，则 $r(\mathbf{A}\boldsymbol{B})$ ________ $r(\boldsymbol{B})$.

7. 设 $\boldsymbol{A}$ 为 n 阶矩阵，且 $|\boldsymbol{A}|=2$，则 $r(\boldsymbol{A})=$________.

8. 4 阶矩阵 $\boldsymbol{A}$ 的秩为 2，则 $\boldsymbol{A}$ 的伴随矩阵 $\boldsymbol{A}^*$ 的秩 $r(\boldsymbol{A}^*)=$________.

9. 设矩阵 $\boldsymbol{A}=\begin{pmatrix} k & 1 & 1 & 1 \\ 1 & k & 1 & 1 \\ 1 & 1 & k & 1 \\ 1 & 1 & 1 & k \end{pmatrix}$，且 $r(\boldsymbol{A})$ 等于 3，则 $k=$________.

10. $\boldsymbol{\alpha}=(1\quad 0\quad -1\quad 2)^{\mathrm{T}}$，$\boldsymbol{\beta}=(0\quad 1\quad 0\quad 2)$，$\boldsymbol{A}=\boldsymbol{\alpha\beta}$，则 $r(\boldsymbol{A})=$________.

二、选择题

11. $\boldsymbol{A}=\begin{pmatrix} 1 & -1 & 2 \\ 2 & -2 & 4 \\ 3 & -3 & 6 \end{pmatrix}$，则它的秩 $r(\boldsymbol{A})=($　　$)$

A. 1　　B. 2　　C. 3　　D. 0

12. 矩阵 $\boldsymbol{A}$ 在（　　）时秩改变.

A. 转置　　B. 初等变换　　C. 乘以可逆矩阵　　D. 乘以不可逆矩阵

13. 设 $\boldsymbol{A}$ 是 $m\times n$ 矩阵，$r(\boldsymbol{A})=r$，$\boldsymbol{A}$ 经过初等行变换得到 $\boldsymbol{B}$，那么 $\boldsymbol{B}$ 的秩 $r(\boldsymbol{B})=($　　$)$

A. $r(\boldsymbol{B})=r$　　B. $r(\boldsymbol{B})<r$　　C. $r(\boldsymbol{B})<r$　　D. $r(\boldsymbol{B})=\min\{m,n\}$

14. 设 $\boldsymbol{A}$ 是 $m\times n$ 矩阵，$\boldsymbol{C}$ 是 n 阶可逆矩阵，矩阵 $\boldsymbol{A}$ 的秩为 r，矩阵 $\boldsymbol{B}=\boldsymbol{AC}$ 的秩为 r_1，则（　　）

A. $r>r_1$　　B. $r<r_1$　　C. $r=r_1$　　D. r 与 r_1 的关系依 $\boldsymbol{C}$ 而定

15. 设 $\boldsymbol{A}$，$\boldsymbol{B}$ 分别为 $n\times m$，$n\times l$ 阶矩阵，$\boldsymbol{C}$ 是以 $\boldsymbol{A}$，$\boldsymbol{B}$ 为子块的 $n\times(m+l)$ 矩阵，即 $\boldsymbol{C}=(\boldsymbol{A}\vdots\boldsymbol{B})$，则（　　）

A. $r(\boldsymbol{C})=r(\boldsymbol{A})$

B. $r(\boldsymbol{C})=r(\boldsymbol{B})$

C. $r(\boldsymbol{C})$ 与 $r(\boldsymbol{A})$ 或 $r(\boldsymbol{C})$ 与 $r(\boldsymbol{B})$ 不一定相等

D. $r(\boldsymbol{A})=r(\boldsymbol{B})=r$，则 $r(\boldsymbol{C})=r$

16. 设 $\boldsymbol{A}$ 是 $m\times n$ 矩阵，$\boldsymbol{Ax}=\boldsymbol{0}$ 是 $\boldsymbol{Ax}=\boldsymbol{b}$ 的导出组，则下列结论正确的是（　　）

A. 若 $\boldsymbol{Ax}=\boldsymbol{0}$ 仅有零解时，则方程组 $\boldsymbol{Ax}=\boldsymbol{b}$ 有唯一解

B. 若 $\boldsymbol{Ax}=\boldsymbol{0}$ 有非零解时，则方程组 $\boldsymbol{Ax}=\boldsymbol{b}$ 有无穷多解

C. 若 $\boldsymbol{Ax}=\boldsymbol{b}$ 有无穷多解时，$\boldsymbol{Ax}=\boldsymbol{0}$ 仅有零解

D. 若 $\boldsymbol{Ax}=\boldsymbol{b}$ 有无穷多解时，方程组 $\boldsymbol{Ax}=\boldsymbol{0}$ 有非零解

17. 非齐次线性方程组 $\boldsymbol{Ax}=\boldsymbol{b}$ 中未知数个数为 n，方程个数为 m，系数矩阵 $\boldsymbol{A}$ 的秩为 r，则（　　）

A. $r=m$ 时方程组 $\boldsymbol{Ax}=\boldsymbol{b}$ 有解　　B. $r=n$ 时方程组 $\boldsymbol{Ax}=\boldsymbol{b}$ 有唯一解

C. $m=n$ 时方程组 $\boldsymbol{Ax}=\boldsymbol{b}$ 有唯一解　　D. $r<n$ 时方程组 $\boldsymbol{Ax}=\boldsymbol{b}$ 有无穷多解

18. $\boldsymbol{A}$、$\boldsymbol{B}$ 均为 n 阶非零方阵，满足 $\boldsymbol{AB}=\boldsymbol{O}$，则必有（　　）

A. $|\boldsymbol{A}|=0$ 且 $|\boldsymbol{B}|=0$　　B. $\boldsymbol{A}=\boldsymbol{O}$ 或 $\boldsymbol{B}=\boldsymbol{O}$

C. $\boldsymbol{A}+\boldsymbol{B}=\boldsymbol{O}$　　D. $|\boldsymbol{A}+\boldsymbol{B}|=0$

三、计算题

19. 已知 $\boldsymbol{A}=\begin{pmatrix}1 & 1 & -1\\ 2 & -1 & 0\\ 1 & 0 & 1\end{pmatrix}$，求 $\boldsymbol{A}^{-1}$(用初等行变换).

20. 设矩阵 $\boldsymbol{A}=\begin{pmatrix}1 & 1 & 1 & 1\\ 1 & 0 & 2 & 2\\ -1 & 0 & a-3 & -2\\ 2 & 3 & 1 & a\end{pmatrix}$，当 a 为何值时，$\boldsymbol{A}$ 为满秩矩阵？当 a 为何值时，$r(\boldsymbol{A})=2$？

21. a 为何值时，方程组 $\begin{cases}ax_1+x_2+2x_3=0\\ x_1+2x_2+4x_3=0\\ x_1-x_2+x_3=0\end{cases}$ 有非零解？

22. a 为何值时，线性方程组

$\begin{cases}x_1+x_2-x_3=1\\ 2x_1+3x_2+ax_3=3\\ x_1+ax_2+3x_3=2\end{cases}$ 无解？有唯一解？无穷多解？当方程组有无穷解时，求其通解.

23. $\begin{cases}x_1+x_2+2x_3-x_4=0\\ 2x_1+x_2+x_3-x_4=0\\ 2x_1+2x_2+x_3+2x_4=0\end{cases}$ 求通解.

四、证明题

24. 证明：设 $\boldsymbol{A}$ 为 $m\times n$ 矩阵，证明：如果 $\boldsymbol{Ax}=\boldsymbol{Ay}$，且 $r(\boldsymbol{A})=n$，则 $\boldsymbol{x}=\boldsymbol{y}$.

单元测试题 B

一、填空题

1. 设 $\boldsymbol{A}$ 是 $m\times n$ 矩阵，$r(\boldsymbol{A})=r$，$\boldsymbol{A}$ 经过初等变换得 $\boldsymbol{B}$，则 $r(\boldsymbol{B})=$________.

2. 设 $\boldsymbol{\alpha}=(1\quad 3\quad -1\quad 2)^{\mathrm{T}}$，$\boldsymbol{\beta}=(-1\quad 1\quad 2\quad 4)$，$\boldsymbol{\beta\alpha}=$________.

3. 设 $\boldsymbol{A}=\begin{pmatrix}1 & 1 & 1 & \cdots & 1\\ a_1 & a_2 & a_3 & \cdots & a_n\\ {a_1}^2 & {a_2}^2 & {a_3}^2 & \cdots & {a_n}^2\\ \vdots & \vdots & \vdots & & \vdots\\ {a_1}^{n-1} & {a_2}^{n-1} & {a_3}^{n-1} & \cdots & {a_n}^{n-1}\end{pmatrix}$，$\boldsymbol{X}=\begin{pmatrix}x_1\\ x_2\\ \vdots\\ x_n\end{pmatrix}$，$\boldsymbol{B}=\begin{pmatrix}1\\ 1\\ \vdots\\ 1\end{pmatrix}$，其中 $a_i\neq a_j(i\neq j)(i,j=1,2,\cdots,n)$，则方程组 $\boldsymbol{A}^{\mathrm{T}}\boldsymbol{X}=\boldsymbol{B}$ 的解是________.

4. 设 $\boldsymbol{A},\boldsymbol{B}$ 都是 4 阶方阵，且 $\boldsymbol{AB}=\boldsymbol{O}$，则 $r(\boldsymbol{A})+r(\boldsymbol{B})$ ________.

5. 设 $\boldsymbol{A},\boldsymbol{B}$ 都是 n 阶方阵，且 $\boldsymbol{A}\neq\boldsymbol{O}$，$\boldsymbol{AB}=\boldsymbol{O}$，则 $|\boldsymbol{B}|=$________.

二、选择题

6. 设 $\boldsymbol{A}$ 是 $m\times n$ 矩阵，$r(\boldsymbol{A})=r<\min\{m,n\}$，则 $\boldsymbol{A}$ 中必(　　)

A. 至少有一 r 阶子式不为零，没有不等于 0 的 $r+1$ 阶子式

B. 有等于 0 的 r 阶子式，所有的 $r+1$ 阶子式全为 0

C. 有等于 0 的 r 阶子式，没有不等于 0 的 $r+1$ 阶子式

D. 有等于 0 的 $r-1$ 阶子式，有不等于 0 的 r 阶子式

7. 设 $\boldsymbol{A}$ 是 $m\times n$ 矩阵，$\boldsymbol{B}$ 是 $n\times m$ 矩阵，则（　　）

A. 当 $m>n$ 时必有 $|\boldsymbol{AB}|\neq 0$　　B. 当 $m>n$ 时必有 $|\boldsymbol{AB}|=0$

C. 当 $n>m$ 时必有 $|\boldsymbol{AB}|\neq 0$　　D. 当 $n>m$ 时必有 $|\boldsymbol{AB}|=0$

8. 若线性方程组 $\begin{cases} x_1+x_2=-a_1 \\ x_2+x_3=a_2 \\ x_3+x_4=-a_3 \\ x_4+x_1=a_4 \end{cases}$ 有解，则常数 a_1,a_2,a_3,a_4 应满足条件（　　）

A. $-a_1+a_2-a_3+a_4=0$

B. $a_1+a_2+a_3+a_4=0$

C. $a_1-a_2-a_3+a_4=0$

D. $-a_1-a_2-a_3+a_4=0$

9. 设 $\boldsymbol{A}$ 是 n 阶矩阵，$\boldsymbol{\alpha}$ 是 n 维列向量，且 $r\begin{pmatrix} \boldsymbol{A} & \boldsymbol{\alpha} \\ \boldsymbol{\alpha}^{\mathrm{T}} & \boldsymbol{O} \end{pmatrix}=r(\boldsymbol{A})$，则线性方程组（　　）

A. $\boldsymbol{AX}=\boldsymbol{\alpha}$ 必有无穷解

B. $\boldsymbol{AX}=\boldsymbol{\alpha}$ 必有唯一解

C. $\begin{pmatrix} \boldsymbol{A} & \boldsymbol{\alpha} \\ \boldsymbol{\alpha}^{\mathrm{T}} & \boldsymbol{O} \end{pmatrix}\begin{pmatrix} x \\ y \end{pmatrix}=\boldsymbol{0}$ 仅有零解

D. $\begin{pmatrix} \boldsymbol{A} & \boldsymbol{\alpha} \\ \boldsymbol{\alpha}^{\mathrm{T}} & \boldsymbol{O} \end{pmatrix}\begin{pmatrix} x \\ y \end{pmatrix}=\boldsymbol{0}$ 必有非零解

10. 设 $\boldsymbol{A}$ 是 n 阶实方阵，则对于线性方程组(1)：$\boldsymbol{Ax}=\boldsymbol{0}$ 与(2)：$\boldsymbol{A}^{\mathrm{T}}\boldsymbol{Ax}=\boldsymbol{0}$ 必有（　　）

A. (2) 的解是(1) 的解，(1) 的解也是(2) 的解

B. (2) 的解是(1) 的解，但(1) 的解不是(2) 的解

C. (1) 的解不是(2) 的解，(2) 的解也不是(1) 的解

D. (1) 的解是(2) 的解，(2) 的解不是(1) 的解

三、计算题

11. 求线性方程组 $\begin{cases} 3x_1+4x_2-5x_3+7x_4=0 \\ 2x_1-3x_2+3x_3-2x_4=0 \\ 4x_1+11x_2-13x_3+16x_4=0 \\ 7x_1-2x_2+x_3+3x_4=0 \end{cases}$ 的通解.

12. 讨论线性方程组 $\begin{cases} x_1+x_2+2x_3+3x_4=1 \\ x_1+3x_2+6x_3+x_4=3 \\ 3x_1-x_2-k_1x_3+15x_4=3 \\ x_1-5x_2-10x_3+12x_4=k_2 \end{cases}$，当 k_1,k_2 取何值时方程组无解？

有唯一解？有无穷解？在方程组有无穷解的情况下，求出通解.

13. λ 取何值时，方程组$\begin{cases} x_1 - x_2 + 2x_3 = 1 \\ 2x_1 - x_2 + 7x_3 = 2 \\ -x_1 + 2x_2 + 2x_3 = \lambda \end{cases}$有无穷解.

四、证明题

14. 设 $\boldsymbol{A}^*$ 是 n 阶方阵 $\boldsymbol{A}$ 的伴随矩阵，证明：

$$r(\boldsymbol{A}^*) = \begin{cases} n & r(\boldsymbol{A}) = n \\ 1 & r(\boldsymbol{A}) = n-1 \\ 0 & r(\boldsymbol{A}) < n \end{cases}$$

15. 证明：线性方程组$\begin{cases} x_1 - x_2 = b_1 \\ x_2 - x_3 = b_2 \\ x_3 - x_4 = b_3 \\ x_4 - x_5 = b_4 \\ -x_1 + x_5 = b_5 \end{cases}$有解的充分必要条件是 $b_1 + b_2 + b_3 + b_4 + b_5 = 0$，并在有解的情况下，求出其一般解.

单元测试题 A 答案

一、填空题

1. $r(\boldsymbol{A}) < n$　2. $r(\boldsymbol{A}) = n$　3. 0　4. 无穷多　5. 不改变　6. $=$　7. n　8. 0　9. -3　10. 1

二、选择题

11. A　12. D　13. A　14. C　15. C　16. D　17. A　18. A

三、计算题

19. $\boldsymbol{A}^{-1} = \begin{pmatrix} \frac{1}{4} & \frac{1}{4} & \frac{1}{4} \\ \frac{1}{2} & -\frac{1}{2} & \frac{1}{2} \\ -\frac{1}{4} & -\frac{1}{4} & \frac{3}{4} \end{pmatrix}$

20. $a \neq 1$ 时，$\boldsymbol{A}$ 满秩，$a = 1$ 时，$r(\boldsymbol{A}) = 2$

21. $a = \frac{1}{2}$

22. 当 $a \neq 2$ 且 $a \neq -3$ 时，有唯一解；

当 $a = -3$ 时，无解；

当 $a = 2$，有无穷多解，通解为 $\boldsymbol{x} = \begin{pmatrix} 5 \\ -4 \\ 1 \end{pmatrix} c + \begin{pmatrix} 0 \\ 1 \\ 0 \end{pmatrix}$ $(c \in \mathbf{R})$.

23. 通解为 $\boldsymbol{x}=\begin{pmatrix}\frac{4}{3}\\-3\\\frac{4}{3}\\1\end{pmatrix}c_1 \quad (c_1\in\mathbf{R})$.

四、证明题

24. 由 $\boldsymbol{Ax}=\boldsymbol{Ay}$，得 $\boldsymbol{A}(\boldsymbol{x}-\boldsymbol{y})=\boldsymbol{0}$，令 $\boldsymbol{t}=\boldsymbol{x}-\boldsymbol{y}$，得以 $\boldsymbol{A}$ 为系数矩阵的 n 元齐次线性方程组 $\boldsymbol{At}=\boldsymbol{0}$ 且 $r(\boldsymbol{A})=n$，则该方程有唯一零解，即 $\boldsymbol{t}=\boldsymbol{0}\Rightarrow\boldsymbol{x}-\boldsymbol{y}=\boldsymbol{0}$，即 $\boldsymbol{x}=\boldsymbol{y}$.

单元测试题 B 答案

一、填空题

1. r　2. $\begin{pmatrix}-1&1&2&4\\-3&3&6&12\\1&-1&-2&-4\\-2&2&4&8\end{pmatrix}$　3. $(1,0,0,\cdots,0)^{\mathrm{T}}$　4. $\leqslant 4$　5. 0

二、选择题

6. A　7. B　8. B　9. D　10. A

三、计算题

11. $\boldsymbol{x}=\begin{pmatrix}\frac{3}{17}\\\frac{19}{17}\\1\\0\end{pmatrix}c_1+\begin{pmatrix}-\frac{13}{17}\\-\frac{20}{17}\\0\\1\end{pmatrix}c_2 (c_1,c_2\in\mathbf{R})$.

12. (1) 当 $k_1\neq 2$ 时 $r(\boldsymbol{A})=r(\boldsymbol{B})=4$，方程有唯一解；

(2) 当 $k_1=2$ 且 $k_2\neq 1$ 时，$r(\boldsymbol{A})=3<r(\boldsymbol{B})=4$，方程无解；

(3) 当 $k_1=2$ 且 $k_2=1$，$r(\boldsymbol{A})=r(\boldsymbol{B})=3$，有无穷多解，通解为

$$\boldsymbol{x}=\begin{pmatrix}0\\-2\\1\\0\end{pmatrix}c+\begin{pmatrix}-8\\3\\0\\2\end{pmatrix}\quad (c\in\mathbf{R})$$

13. $\lambda=-1$

四、证明题

14. (1) 若 $r(\boldsymbol{A})=n$，则 $\boldsymbol{A}$ 可逆且 $|\boldsymbol{A}|\neq 0$，由 $\boldsymbol{AA}^*=|\boldsymbol{A}|\boldsymbol{E}$ 可知 $\boldsymbol{A}^*$ 可逆，所以 $r(\boldsymbol{A}^*)=n$.

(2) 若 $r(\boldsymbol{A})=n-1$，则 $|\boldsymbol{A}|=0$，由

$$AA^* = |A|E = 0$$

得

$$r(A) + r(A^*) \leqslant n$$

即

$$r(A^*) \leqslant n - r(A) = 1$$

由 $r(A) = n-1$，矩阵 A 至少有一个 $n-1$ 阶子式不为 0，则 $A^* \neq O$，得

$$r(A^*) \neq 0 \Rightarrow r(A^*) = 1$$

(3) 若 $r(A) < n-1$，A 的任意 $n-1$ 阶子式为 0，故 $A^* = O$，因此 $r(A^*) = 0$；

15. $$B = \begin{pmatrix} 1 & -1 & 0 & 0 & 0 & b_1 \\ 0 & 1 & -1 & 0 & 0 & b_2 \\ 0 & 0 & 1 & -1 & 0 & b_3 \\ 0 & 0 & 0 & 1 & -1 & b_4 \\ -1 & 0 & 0 & 0 & 1 & b_5 \end{pmatrix} \xrightarrow{r} \begin{pmatrix} 1 & -1 & 0 & 0 & 0 & b_1 \\ 0 & 1 & -1 & 0 & 0 & b_2 \\ 0 & 0 & 1 & -1 & 0 & b_3 \\ 0 & 0 & 0 & 1 & -1 & b_4 \\ 0 & 0 & 0 & 0 & 0 & \sum\limits_{i=1}^{5} b_i \end{pmatrix}$$

故当 $\sum\limits_{i=1}^{5} b_i = b_1 + b_2 + b_3 + b_4 + b_5 = 0$ 时，$r(A) = r(B) = 4 < 5$ 有解且有无穷解.

第 4 章

向量空间

一、基本要求

(1) 理解 n 维向量的概念,理解向量组的概念及与矩阵的对应.

(2) 理解向量组的线性组合的概念,理解一个向量能被一个向量组线性表示的概念,并熟悉这一概念与线性方程组的联系.

(3) 理解向量组 $\boldsymbol{B}$ 能由向量组 $\boldsymbol{A}$ 线性表示的概念及矩阵表达式,知道这一概念与矩阵方程的联系,掌握两个向量组等价的概念.

(4) 理解向量组线性相关与线性无关的概念及性质,熟悉它们与齐次线性方程组的联系.

(5) 理解向量组的极大无关组与向量组的秩的概念,掌握向量组的秩和矩阵的秩的关系,会用矩阵的初等变换求向量组的秩和极大无关组.

(6) 理解向量空间的概念,了解向量空间的基、维数,会求两个基之间的过渡矩阵.

(7) 理解齐次线性方程组的解集是一个向量空间,理解其系数矩阵的秩与解空间的维数的关系.

(8) 掌握线性方程组的解的构造,会用矩阵的初等变换解线性方程组.

二、知识考点概述

1. 基本定义

1) **定义 1** 将 n 个($n\geqslant 1$)有次序的数 $a_1,a_2,\cdots,a_n$ 所组成的数组称为一个 n 维向量.习惯上用小写的黑斜体希腊字母 $\boldsymbol{\alpha},\boldsymbol{\beta},\cdots$ 表示,或者用小写的黑斜体英文字母 $\boldsymbol{a},\boldsymbol{b},\boldsymbol{c}$ 表示.本书在不引起误解的情况下,两种表示都采用.

$$\boldsymbol{a}=\begin{pmatrix}a_1\\a_2\\\vdots\\a_n\end{pmatrix}$$ 称为 n 维列向量;$\boldsymbol{a}^{\mathrm{T}}=(a_1\quad a_2\quad\cdots\quad a_n)$ 称为 n 维行向量.

将 $\begin{pmatrix}0\\0\\\vdots\\0\end{pmatrix}$ 或 $\boldsymbol{a}^{\mathrm{T}}=(0\quad 0\quad\cdots\quad 0)$ 称为零向量,记作 $\mathbf{0}$.

将 m 个向量组成一组,称为一个向量组,$(\boldsymbol{a}_1,\boldsymbol{a}_2,\cdots,\boldsymbol{a}_m)$ 就是由 m 个列向量组成的列向量组.一个向量组可以看成一个矩阵,一个矩阵也可以看成一个向量组.

2) **定义 2** 设 $\mathbf{V}$ 是一个非空的向量的集合,在 $\mathbf{V}$ 中有两种运算:

(1) 有一个纯量乘法:$\forall \boldsymbol{a}\in\mathbf{V},\forall k\in\mathbf{R}$,有 $k\boldsymbol{a}\in\mathbf{V}$;

(2) 有一个向量加法:$\forall \boldsymbol{a},\boldsymbol{b}\in\mathbf{V}$,有 $\boldsymbol{a}+\boldsymbol{b}\in\mathbf{V}$;

(3) 上述两种运算满足:

①$\boldsymbol{a}+\boldsymbol{b}=\boldsymbol{b}+\boldsymbol{a}$.

②$(\boldsymbol{a}+\boldsymbol{b})+\boldsymbol{c}=\boldsymbol{a}+(\boldsymbol{b}+\boldsymbol{c})$.

③$\mathbf{0}+\boldsymbol{a}=\boldsymbol{a}$,其中 $\mathbf{0}$ 是与 $\boldsymbol{a}$ 同类型的零向量.

④$\forall \boldsymbol{a}\in\mathbf{V},\exists \boldsymbol{a}'\in\mathbf{V}$,使 $\boldsymbol{a}+\boldsymbol{a}'=\mathbf{0}$,称 $\boldsymbol{a}'$ 为 $\boldsymbol{a}$ 的负向量,记为 $-\boldsymbol{a}$.

⑤$k(\boldsymbol{a}+\boldsymbol{b})=k\boldsymbol{a}+k\boldsymbol{b}$.

⑥$(k+l)\boldsymbol{a}=k\boldsymbol{a}+l\boldsymbol{a}$.

⑦$(kl)\boldsymbol{a}=k(l\boldsymbol{a})$.

⑧$1\boldsymbol{a}=\boldsymbol{a}$.

2.线性表示

1) **定义 3** 给定向量组 $\boldsymbol{A}:\boldsymbol{a}_1,\boldsymbol{a}_2,\cdots,\boldsymbol{a}_m$,对于任意一组实数 $k_1,k_2,\cdots,k_m$,表达式

$$k_1\boldsymbol{a}_1+k_2\boldsymbol{a}_2+\cdots+k_m\boldsymbol{a}_m$$

称为向量组 $\boldsymbol{A}$ 的一个线性组合,实数 $k_1,k_2,\cdots,k_m$ 称为这个线性组合的系数.

给定向量组 $\boldsymbol{A}:\boldsymbol{a}_1,\boldsymbol{a}_2,\cdots,\boldsymbol{a}_m$ 和一个向量 $\boldsymbol{b}$,如果存在一组数 $\lambda_1,\lambda_2,\cdots,\lambda_m$,使

$$\boldsymbol{b}=\lambda_1\boldsymbol{a}_1+\lambda_2\boldsymbol{a}_2+\cdots+\lambda_m\boldsymbol{a}_m$$

则向量 $\boldsymbol{b}$ 是向量组 $\boldsymbol{A}$ 的一个线性组合,这时也称向量 $\boldsymbol{b}$ 可由向量组 $\boldsymbol{A}$ 线性表示.

2) **定理 1** 向量 $\boldsymbol{b}$ 可由向量组 $\boldsymbol{A}:\boldsymbol{a}_1,\boldsymbol{a}_2,\cdots,\boldsymbol{a}_m$ 线性表示

$\Leftrightarrow$ 非齐次线性方程组 $\boldsymbol{A}\boldsymbol{x}=\boldsymbol{b}$ 有解.

$\Leftrightarrow r(\boldsymbol{A})=r(\boldsymbol{A}\vdots\boldsymbol{b})$

3) **定义 4** 如果向量组 $\boldsymbol{A}:\boldsymbol{a}_1,\boldsymbol{a}_2,\cdots,\boldsymbol{a}_m$ 中的每一个向量可由向量组 $\boldsymbol{B}:\boldsymbol{b}_1,\boldsymbol{b}_2,\cdots,\boldsymbol{b}_p$ 线性表示,向量组 $\boldsymbol{B}:\boldsymbol{b}_1,\boldsymbol{b}_2,\cdots,\boldsymbol{b}_p$ 中的每个向量可由向量组 $\boldsymbol{A}:\boldsymbol{a}_1,\boldsymbol{a}_2,\cdots,\boldsymbol{a}_m$ 线性表示,就称这两个向量组等价.

我们把向量组看成矩阵,就有:

4) **推论 1** 向量组 $\boldsymbol{B}:\boldsymbol{b}_1,\boldsymbol{b}_2,\cdots,\boldsymbol{b}_p$ 中的每个向量可由向量组 $\boldsymbol{A}:\boldsymbol{a}_1,\boldsymbol{a}_2,\cdots,\boldsymbol{a}_m$ 线性表示就是矩阵方程 $\boldsymbol{A}\boldsymbol{x}=\boldsymbol{B}$ 有解,此时必有 $r(\boldsymbol{B})\leqslant r(\boldsymbol{A})$.

事实上,由于 $\boldsymbol{A}\boldsymbol{x}=\boldsymbol{B}$ 有解,有 $r(\boldsymbol{A})=r(\boldsymbol{A}\vdots\boldsymbol{B})$,而 $r(\boldsymbol{B})\leqslant r(\boldsymbol{A}\vdots\boldsymbol{B})$,所以 $r(\boldsymbol{B})\leqslant r(\boldsymbol{A})$.

5) **推论 2** 向量组 $\boldsymbol{A}:\boldsymbol{a}_1,\boldsymbol{a}_2,\cdots,\boldsymbol{a}_m$ 与向量组 $\boldsymbol{B}:\boldsymbol{b}_1,\boldsymbol{b}_2,\cdots,\boldsymbol{b}_p$ 等价 $\Leftrightarrow r(\boldsymbol{A})=r(\boldsymbol{A},\boldsymbol{B})=r(\boldsymbol{B})$.

两个向量组等价的判定与两个矩阵等价的判定方法是一样的.今后我们讨论问题时既可以把一个矩阵看成是一个向量组,也可以把一个向量组看成为一个矩阵.这时符号 $r(\boldsymbol{A})$ 表示的是向量组 $\boldsymbol{A}:\boldsymbol{a}_1,\boldsymbol{a}_2,\cdots,\boldsymbol{a}_m$ 所对应的矩阵 $\boldsymbol{A}$ 的秩.

6) 若向量组 $\boldsymbol{B}$: $\boldsymbol{b}_1,\boldsymbol{b}_2,\cdots,\boldsymbol{b}_l$ 可以由向量组 $\boldsymbol{A}$: $\boldsymbol{a}_1,\boldsymbol{a}_2,\boldsymbol{a}_3,\cdots,\boldsymbol{a}_m$ 线性表示 $\Rightarrow r(\boldsymbol{b}_1,$

$\boldsymbol{b}_2,\cdots,\boldsymbol{b}_l) < r(\boldsymbol{a}_1,\boldsymbol{a}_2,\boldsymbol{a}_3,\cdots,\boldsymbol{a}_m)$.

3.线性相关性

1) **定义 5**　给定向量组 $\boldsymbol{A}:\boldsymbol{a}_1,\boldsymbol{a}_2,\cdots,\boldsymbol{a}_m$，如果存在不全为零的数 $k_1,k_2,\cdots,k_m$ 使

$$k_1\boldsymbol{a}_1+k_2\boldsymbol{a}_2+\cdots+k_m\boldsymbol{a}_m=0$$

则称向量组 $\boldsymbol{A}:\boldsymbol{a}_1,\boldsymbol{a}_2,\cdots,\boldsymbol{a}_m$ 是线性相关的，否则，当且仅当 $k_1,k_2,\cdots,k_m$ 全为零时

$$k_1\boldsymbol{a}_1+k_2\boldsymbol{a}_2+\cdots+k_m\boldsymbol{a}_m=0$$

才成立，就称向量组 $\boldsymbol{A}:\boldsymbol{a}_1,\boldsymbol{a}_2,\cdots,\boldsymbol{a}_m$ 是线性无关的.

注　如果一个向量 $\boldsymbol{a}=\boldsymbol{0}$，则被认为是线性相关的，如果一个向量 $\boldsymbol{a}\neq\boldsymbol{0}$，则被认为是线性无关的. 如果两个向量 $\boldsymbol{a}_1,\boldsymbol{a}_2$ 成比例，则被认为是线性相关的，如果两个向量 $\boldsymbol{a}_1,\boldsymbol{a}_2$ 不成比例，则被认为是线性无关的.

2) **定理 2**　向量组 $\boldsymbol{A}:\boldsymbol{a}_1,\boldsymbol{a}_2,\cdots,\boldsymbol{a}_m$ 线性相关有下面的性质：

(1) 向量组 $\boldsymbol{A}:\boldsymbol{a}_1,\boldsymbol{a}_2,\cdots,\boldsymbol{a}_m$ 线性相关 $\Leftrightarrow \boldsymbol{Ax}=\boldsymbol{0}$ 有非零解.

(2) 向量组 $\boldsymbol{A}:\boldsymbol{a}_1,\boldsymbol{a}_2,\cdots,\boldsymbol{a}_m$ 线性相关 $\Leftrightarrow r(\boldsymbol{A})<m$.

(3) 向量组 $\boldsymbol{A}:\boldsymbol{a}_1,\boldsymbol{a}_2,\cdots,\boldsymbol{a}_m$ 线性相关 $\Leftrightarrow$ 存在一个向量可由其余的向量线性表示.

(4) 如果在向量组 $\boldsymbol{A}:\boldsymbol{a}_1,\boldsymbol{a}_2,\cdots,\boldsymbol{a}_m$ 中含有一个零向量，则向量组 $\boldsymbol{A}:\boldsymbol{a}_1,\boldsymbol{a}_2,\cdots,\boldsymbol{a}_m$ 线性相关.

(5) 如果在向量组 $\boldsymbol{A}:\boldsymbol{a}_1,\boldsymbol{a}_2,\cdots,\boldsymbol{a}_m$ 中有一部分向量线性相关，则向量组 $\boldsymbol{A}:\boldsymbol{a}_1,\boldsymbol{a}_2,\cdots,\boldsymbol{a}_m$ 线性相关.

3) **推论**　向量组 $\boldsymbol{A}:\boldsymbol{a}_1,\boldsymbol{a}_2,\cdots,\boldsymbol{a}_m$ 线性无关有下面的性质：

(1) 向量组 $\boldsymbol{A}:\boldsymbol{a}_1,\boldsymbol{a}_2,\cdots,\boldsymbol{a}_m$ 线性无关 $\Leftrightarrow \boldsymbol{Ax}=\boldsymbol{0}$ 有唯一的零解.

(2) 向量组 $\boldsymbol{A}:\boldsymbol{a}_1,\boldsymbol{a}_2,\cdots,\boldsymbol{a}_m$ 线性无关 $\Leftrightarrow r(\boldsymbol{A})=m$ 就是由向量组构成的矩阵的秩等于向量组中向量的个数.

(3) 向量组 $\boldsymbol{A}:\boldsymbol{a}_1,\boldsymbol{a}_2,\cdots,\boldsymbol{a}_m$ 线性无关 $\Leftrightarrow$ 不存在任何一个向量可由其余的向量线性表示.

(4) 如果向量组 $\boldsymbol{A}:\boldsymbol{a}_1,\boldsymbol{a}_2,\cdots,\boldsymbol{a}_m$ 是线性无关的，则向量组 $\boldsymbol{A}:\boldsymbol{a}_1,\boldsymbol{a}_2,\cdots,\boldsymbol{a}_m$ 中的任何向量组成的部分组都是线性无关的.

(5) 如果向量组 $\boldsymbol{A}:\boldsymbol{a}_1,\boldsymbol{a}_2,\cdots,\boldsymbol{a}_m$ 是线性无关的，而添加一个向量 $\boldsymbol{b}$ 后，向量组 $\boldsymbol{a}_1,\boldsymbol{a}_2,\cdots,\boldsymbol{a}_m,\boldsymbol{b}$ 线性相关，则 $\boldsymbol{b}$ 可由 $\boldsymbol{A}:\boldsymbol{a}_1,\boldsymbol{a}_2,\cdots,\boldsymbol{a}_m$ 线性表示.

4)(1) 如果 $\boldsymbol{B}:\boldsymbol{b}_1,\boldsymbol{b}_2,\cdots,\boldsymbol{b}_s$ 可由 $\boldsymbol{A}:\boldsymbol{a}_1,\boldsymbol{a}_2,\cdots,\boldsymbol{a}_m$ 线性表示，则有 $r(\boldsymbol{B})\leqslant r(\boldsymbol{A})$（定理 1）.

(2) 如果 $\boldsymbol{B}:\boldsymbol{b}_1,\boldsymbol{b}_2,\cdots,\boldsymbol{b}_s$ 与 $\boldsymbol{A}:\boldsymbol{a}_1,\boldsymbol{a}_2,\cdots,\boldsymbol{a}_m$ 等价，则有 $r(\boldsymbol{B})=r(\boldsymbol{B},\boldsymbol{A})=r(\boldsymbol{A})$（定理 1 的推论 2）.

5) **定理 3**　如果向量组 $\boldsymbol{A}:\boldsymbol{a}_1,\boldsymbol{a}_2,\cdots,\boldsymbol{a}_m$ 可由向量组 $\boldsymbol{B}:\boldsymbol{b}_1,\boldsymbol{b}_2,\cdots,\boldsymbol{b}_r$ 线性表示，并且 $r>s$，则 $\boldsymbol{A}:\boldsymbol{a}_1,\boldsymbol{a}_2,\cdots,\boldsymbol{a}_m$ 必然线性相关.

6) **推论 1**　如果 $\boldsymbol{B}:\boldsymbol{b}_1,\boldsymbol{b}_2,\cdots,\boldsymbol{b}_s$ 可由 $\boldsymbol{A}:\boldsymbol{a}_1,\boldsymbol{a}_2,\cdots,\boldsymbol{a}_m$ 线性表示，并且 $\boldsymbol{B}:\boldsymbol{b}_1,\boldsymbol{b}_2,\cdots,\boldsymbol{b}_s$ 线性无关，则 $s\leqslant m$.

7) **推论 2**　任意 $n+1$ 个 n 维向量必线性相关.

8) **推论 3**　两个线性无关的等价的向量组，必含有相同个数的向量.

4. 向量组的秩

1) **定义 6** 向量组的极大无关组和向量组的秩：

已知向量组 $\boldsymbol{A}$：$\boldsymbol{a}_1,\boldsymbol{a}_2,\boldsymbol{a}_3,\cdots,\boldsymbol{a}_m$，选出 r 个向量，如 $\boldsymbol{a}_1,\boldsymbol{a}_2,\cdots,\boldsymbol{a}_r$，若

①$\boldsymbol{a}_1,\boldsymbol{a}_2,\cdots,\boldsymbol{a}_r$，线性无关；

② 向量组 $\boldsymbol{A}$：$\boldsymbol{a}_1,\boldsymbol{a}_2,\boldsymbol{a}_3,\cdots,\boldsymbol{a}_m$ 中任意 $r+1$ 个向量(若存在)线性相关，

则 $\boldsymbol{a}_1,\boldsymbol{a}_2,\cdots,\boldsymbol{a}_r$ 为向量组 $\boldsymbol{A}$：$\boldsymbol{a}_1,\boldsymbol{a}_2,\boldsymbol{a}_3,\cdots,\boldsymbol{a}_m$ 的极大无关组.

定义 7 向量组 $\boldsymbol{A}$：$\boldsymbol{a}_1,\boldsymbol{a}_2,\boldsymbol{a}_3,\cdots,\boldsymbol{a}_m$ 的极大无关组中所含有的向量个数 r 为向量组 $\boldsymbol{A}$：$\boldsymbol{a}_1,\boldsymbol{a}_2,\boldsymbol{a}_3,\cdots,\boldsymbol{a}_m$ 的秩.

2) **定理 4** 一个向量组的极大无关组中向量的个数是唯一确定的.

3) **定理 5** 矩阵的秩等于它的列向量组的秩，也等于它的行向量组的秩.

4) **推论**(极大无关组的等价定义) 设向量组 $\boldsymbol{A}_0$：$\boldsymbol{a}_1,\boldsymbol{a}_2,\cdots,\boldsymbol{a}_r$ 是向量组 $\boldsymbol{A}$：$\boldsymbol{a}_1,\boldsymbol{a}_2,\boldsymbol{a}_3,\cdots,\boldsymbol{a}_m$ 的一个部分组，且满足

① 向量组 $\boldsymbol{A}_0$ 线性无关；

② 向量组 $\boldsymbol{A}$ 的任一向量都能由向量组 $\boldsymbol{A}_0$ 线性表示，

那么向量组 $\boldsymbol{A}_0$：$\boldsymbol{a}_1,\boldsymbol{a}_2,\cdots,\boldsymbol{a}_r$ 是向量组 $\boldsymbol{A}$：$\boldsymbol{a}_1,\boldsymbol{a}_2,\boldsymbol{a}_3,\cdots,\boldsymbol{a}_m$ 的一个极大无关组.

5) 求向量组 $\boldsymbol{A}$：$\boldsymbol{a}_1,\boldsymbol{a}_2,\boldsymbol{a}_3,\cdots,\boldsymbol{a}_m$ 的秩及极大无关组的方法

(1) 构成矩阵 $(\boldsymbol{a}_1,\boldsymbol{a}_2,\cdots,\boldsymbol{a}_m)$；

(2) 将 $(\boldsymbol{a}_1,\boldsymbol{a}_2,\cdots,\boldsymbol{a}_m)\xrightarrow{r}$ 行阶梯形矩阵，则行阶梯形矩阵非零行数为 r，且 $r(\boldsymbol{A})=r$；

(3) 找出行阶梯形矩阵非零行非零首元所在的列标，在 $(\boldsymbol{a}_1,\boldsymbol{a}_2,\cdots,\boldsymbol{a}_m)$ 中找出各列对应的 r 个向量，以列标为第 $1,2,\cdots,r$ 列，则对应的向量为 $\boldsymbol{a}_1,\boldsymbol{a}_2,\cdots,\boldsymbol{a}_r$；

(4) $(\boldsymbol{a}_1,\boldsymbol{a}_2,\cdots,\boldsymbol{a}_r)\xrightarrow{r}$ 行阶梯形矩阵的前 r 列 $\Rightarrow r(\boldsymbol{a}_1,\boldsymbol{a}_2,\cdots,\boldsymbol{a}_r)=r=r$，由定理 2 的推论知 $\boldsymbol{a}_1,\boldsymbol{a}_2,\boldsymbol{a}_3,\cdots,\boldsymbol{a}_r$ 线性无关，所以 $\boldsymbol{a}_1,\boldsymbol{a}_2,\cdots,\boldsymbol{a}_r$ 为向量组 $\boldsymbol{A}$：$\boldsymbol{a}_1,\boldsymbol{a}_2,\boldsymbol{a}_3,\cdots,\boldsymbol{a}_m$ 的极大无关组.

注 若 $\boldsymbol{B}$：$\boldsymbol{b}_1^{\mathrm{T}},\boldsymbol{b}_2^{\mathrm{T}},\cdots,\boldsymbol{b}_k^{\mathrm{T}}$ 为行向量组，则

(1) 构成矩阵 $\begin{pmatrix}\boldsymbol{b}_1^{\mathrm{T}}\\\boldsymbol{b}_2^{\mathrm{T}}\\\vdots\\\boldsymbol{b}_k^{\mathrm{T}}\end{pmatrix}$；

(2) 将 $\begin{pmatrix}\boldsymbol{b}_1^{\mathrm{T}}\\\boldsymbol{b}_2^{\mathrm{T}}\\\vdots\\\boldsymbol{b}_k^{\mathrm{T}}\end{pmatrix}$ 变换行阶梯形矩阵，则行阶梯形矩阵非零行数为 r，且 $r(\boldsymbol{A})=r$；

(3) 找出行阶梯形矩阵非零行非零首元所在的行标，在 $\begin{pmatrix}\boldsymbol{b}_1^{\mathrm{T}}\\\boldsymbol{b}_2^{\mathrm{T}}\\\vdots\\\boldsymbol{b}_k^{\mathrm{T}}\end{pmatrix}$ 中找出各行对应的 r 个行向量，以行标为第 $1,2,\cdots,r$ 行，则对应的向量为 $\boldsymbol{b}_1^{\mathrm{T}},\boldsymbol{b}_2^{\mathrm{T}},\cdots,\boldsymbol{b}_r^{\mathrm{T}}$；

(4) $(\boldsymbol{b}_1^{\mathrm{T}},\boldsymbol{b}_2^{\mathrm{T}},\cdots,\boldsymbol{b}_r^{\mathrm{T}})\xrightarrow{r}$ 行阶梯形矩阵的前 r 行 $\Rightarrow r(\boldsymbol{a}_1,\boldsymbol{a}_2,\cdots,\boldsymbol{a}_r)=r=r$，由定理 2 的推论知 $\boldsymbol{b}_1^{\mathrm{T}},\boldsymbol{b}_2^{\mathrm{T}},\cdots,\boldsymbol{b}_r^{\mathrm{T}}$ 线性无关，所以 $\boldsymbol{b}_1^{\mathrm{T}},\boldsymbol{b}_2^{\mathrm{T}},\cdots,\boldsymbol{b}_r^{\mathrm{T}}$ 为向量组 $\boldsymbol{B}$：$\boldsymbol{b}_1^{\mathrm{T}},\boldsymbol{b}_2^{\mathrm{T}},\cdots,\boldsymbol{b}_k^{\mathrm{T}}$ 的极大无关组.

6) **定义 8**　设 $\boldsymbol{V}$ 是一个向量空间，$\boldsymbol{a}_1,\boldsymbol{a}_2,\cdots,\boldsymbol{a}_s$ 是它的一个向量组，若满足：

(1) $\boldsymbol{a}_1,\boldsymbol{a}_2,\cdots,\boldsymbol{a}_s$ 线性无关，

(2) $\forall\,\boldsymbol{b}\in\boldsymbol{V}$，都可由 $\boldsymbol{a}_1,\boldsymbol{a}_2,\cdots,\boldsymbol{a}_s$ 线性表示，

则称 $\boldsymbol{a}_1,\boldsymbol{a}_2,\cdots,\boldsymbol{a}_s$ 是 $\boldsymbol{V}$ 的一个基，将 $r(\boldsymbol{a}_1,\boldsymbol{a}_2,\cdots,\boldsymbol{a}_s)=s$ 称为 $\boldsymbol{V}$ 的维数，记作 $\dim\boldsymbol{V}$.

7) $\boldsymbol{L}(\boldsymbol{a}_1,\boldsymbol{a}_2,\cdots,\boldsymbol{a}_m)$ 的基就是向量组 $\boldsymbol{a}_1,\boldsymbol{a}_2,\cdots,\boldsymbol{a}_m$ 的极大无关组.

$\boldsymbol{L}(\boldsymbol{e}_1,\boldsymbol{e}_2,\cdots,\boldsymbol{e}_n)$ 的基就是向量组 $\boldsymbol{e}_1,\boldsymbol{e}_2,\cdots,\boldsymbol{e}_n$，并且 $\boldsymbol{L}(\boldsymbol{e}_1,\boldsymbol{e}_2,\cdots,\boldsymbol{e}_n)=\mathbf{R}^n$，称 $\boldsymbol{e}_1,\boldsymbol{e}_2,\cdots,\boldsymbol{e}_n$ 为 n 维向量空间 $\mathbf{R}^n$ 的标准基.

8) $\forall\ \boldsymbol{a}_j\in\mathbf{R}^n$，可由 $\boldsymbol{e}_1,\boldsymbol{e}_2,\cdots,\boldsymbol{e}_n$ 唯一线性表示，即

$$\boldsymbol{a}_j=(\boldsymbol{e}_1,\boldsymbol{e}_2,\cdots,\boldsymbol{e}_n)\begin{pmatrix}a_{1j}\\a_{2j}\\\vdots\\a_{nj}\end{pmatrix}$$

将 $\begin{pmatrix}a_{1j}\\a_{2j}\\\vdots\\a_{nj}\end{pmatrix}$ 称为 $\boldsymbol{a}_j$ 在基 $\boldsymbol{e}_1,\boldsymbol{e}_2,\cdots,\boldsymbol{e}_n$ 下的坐标.

设 $\boldsymbol{a}_1,\boldsymbol{a}_2,\cdots,\boldsymbol{a}_n$，则

$$(\boldsymbol{a}_1,\boldsymbol{a}_2,\cdots,\boldsymbol{a}_n)=(\boldsymbol{e}_1,\boldsymbol{e}_2,\cdots,\boldsymbol{e}_n)\begin{pmatrix}a_{11}&a_{12}&\cdots&a_{1n}\\a_{21}&a_{22}&\cdots&a_{2n}\\\vdots&\vdots&&\vdots\\a_{n1}&a_{2n}&\cdots&a_{nn}\end{pmatrix}=(\boldsymbol{e}_1,\boldsymbol{e}_2,\cdots,\boldsymbol{e}_n)\boldsymbol{A}$$

将矩阵 $\boldsymbol{A}$ 称为 $(\boldsymbol{a}_1,\boldsymbol{a}_2,\cdots,\boldsymbol{a}_n)$ 在基 $(\boldsymbol{e}_1,\boldsymbol{e}_2,\cdots,\boldsymbol{e}_n)$ 下的矩阵.

显然 $(\boldsymbol{e}_1,\boldsymbol{e}_2,\cdots,\boldsymbol{e}_n)=(\boldsymbol{e}_1,\boldsymbol{e}_2,\cdots,\boldsymbol{e}_n)\boldsymbol{E}$.

9) 若 $(\boldsymbol{a}_1,\boldsymbol{a}_2,\cdots,\boldsymbol{a}_n)$ 与 $(\boldsymbol{b}_1,\boldsymbol{b}_2,\cdots,\boldsymbol{b}_n)$ 都是 $\mathbf{R}^n$ 的基，那么就有：

$(\boldsymbol{a}_1,\boldsymbol{a}_2,\cdots,\boldsymbol{a}_n)$ 与 $(\boldsymbol{b}_1,\boldsymbol{b}_2,\cdots,\boldsymbol{b}_n)$ 是两个等价的线性无关组，于是，存在一个 n 阶可逆矩阵 $\boldsymbol{T}$，使 $(\boldsymbol{b}_1,\boldsymbol{b}_2,\cdots,\boldsymbol{b}_n)=(\boldsymbol{a}_1,\boldsymbol{a}_2,\cdots,\boldsymbol{a}_n)^{\mathrm{T}}$.

这时我们称矩阵 $\boldsymbol{T}$ 为由基 $(\boldsymbol{a}_1,\boldsymbol{a}_2,\cdots,\boldsymbol{a}_n)$ 到基 $(\boldsymbol{b}_1,\boldsymbol{b}_2,\cdots,\boldsymbol{b}_n)$ 的过渡矩阵.

10) 如何求过渡矩阵

由

$$(\boldsymbol{a}_1,\boldsymbol{a}_2,\cdots,\boldsymbol{a}_n)=(\boldsymbol{e}_1,\boldsymbol{e}_2,\cdots,\boldsymbol{e}_n)\boldsymbol{A}$$

有

$$(\boldsymbol{e}_1,\boldsymbol{e}_2,\cdots,\boldsymbol{e}_n)=(\boldsymbol{a}_1,\boldsymbol{a}_2,\cdots,\boldsymbol{a}_n)\boldsymbol{A}^{-1}$$

于是

$$(\boldsymbol{b}_1,\boldsymbol{b}_2,\cdots,\boldsymbol{b}_n)=(\boldsymbol{e}_1,\boldsymbol{e}_2,\cdots,\boldsymbol{e}_n)\boldsymbol{B}=(\boldsymbol{a}_1,\boldsymbol{a}_2,\cdots,\boldsymbol{a}_n)(\boldsymbol{A}^{-1}\boldsymbol{B})$$

这样，就可以用矩阵的初等变换来求出由基$(\boldsymbol{a}_1,\boldsymbol{a}_2,\cdots,\boldsymbol{a}_n)$到基$(\boldsymbol{b}_1,\boldsymbol{b}_2,\cdots,\boldsymbol{b}_n)$的过渡矩阵：

$(\boldsymbol{A} \vdots \boldsymbol{B}) \overset{r}{\leftrightarrow} (\boldsymbol{E} \vdots \boldsymbol{A}^{-1}\boldsymbol{B})$

11) **性质** ① 若 $\boldsymbol{x}=\boldsymbol{\xi}_1,\boldsymbol{x}=\boldsymbol{\xi}_2$ 为 $\boldsymbol{Ax}=\boldsymbol{0}$ 的解，则 $\boldsymbol{x}=\boldsymbol{\xi}_1+\boldsymbol{\xi}_2$ 也是 $\boldsymbol{Ax}=\boldsymbol{0}$ 的解；

② 若 $\boldsymbol{x}=\boldsymbol{\xi}_1$ 为 $\boldsymbol{Ax}=\boldsymbol{0}$ 的解，k 为实数，则 $\boldsymbol{x}=k\boldsymbol{\xi}_1$ 也是 $\boldsymbol{Ax}=\boldsymbol{0}$ 的解.

12) **定理 6** 具有 n 个未知量的齐次线性方程组的解集构成一个向量空间. 如果所给的方程组的系数矩阵的秩为 r，那么解空间的维数等于 $n-r$.

13) **定义 9** 一个齐次线性方程组解空间的一个基称为这个方程组的一个基础解系.

14) 求齐次线性方程组的基础解系

①$\boldsymbol{A} \xrightarrow{r}$ 行阶梯形矩阵，若 $r(\boldsymbol{A})=n$，方程有唯一的零解.

② 若 $r(\boldsymbol{A})=r<n$，将 $\boldsymbol{A}$ 的行阶梯形矩阵化为行最简形矩阵，代入 $x_1,x_2,\cdots,x_n$，常数为零得同解方程组.

③ 移项. 将每个方程的第一个变量不动，其余的移项到等号右侧，则右侧出现的 $n-r$ 个变量为自由变量.

④ 将 $n-r$ 个自由变量构成列向量，将该 $n-r$ 个列向量，分别设为 $n-r$ 个线性无关的向量，例如设为 $\begin{pmatrix}1\\0\\\vdots\\0\end{pmatrix},\begin{pmatrix}0\\1\\\vdots\\0\end{pmatrix},\cdots,\begin{pmatrix}0\\0\\\vdots\\1\end{pmatrix}$.

⑤ 将上述每个向量代入，得非自由变量的 $n-r$ 组值.

⑥ 合并整理得 $\boldsymbol{\xi}_1,\boldsymbol{\xi}_2,\cdots,\boldsymbol{\xi}_{n-r}$ 为 $\boldsymbol{Ax}=\boldsymbol{0}$ 的基础解系.

15) 设

$$\boldsymbol{A}_{m\times n}\begin{pmatrix}x_1\\x_2\\\vdots\\x_n\end{pmatrix}=\begin{pmatrix}b_1\\b_2\\\vdots\\b_m\end{pmatrix} \tag{1}$$

是一个 n 元线性方程组，将它的常数项都换成零，就得到一个齐次线性方程组

$$\boldsymbol{A}_{m\times n}\begin{pmatrix}x_1\\x_2\\\vdots\\x_n\end{pmatrix}=\begin{pmatrix}0\\0\\\vdots\\0\end{pmatrix} \tag{2}$$

称(2)是(1)的导出齐次方程组.

16) **定理 7** 如果线性方程组(1)有解，那么(1)的一个解与导出齐次方程组的一个解的和是(1)的解.(1)的任何一个解都可以写成(1)的一个固定的解与(2)的一个解的和. 因此有

(1)的通解 =(1)的特解 +(2)的通解

设$\boldsymbol{x}^*$ 是(1)的一个特解，$\tilde{\boldsymbol{x}}$ 是(2)的通解，则有

$$x = x^* + \tilde{x}$$

17) 求非齐次线性方程组 $Ax = b$ 的特解及对应齐次方程(导出组)$Ax = 0$ 的基础解系

①$B = (A, b) \xrightarrow{r}$ 行最简形矩阵，只考虑 $r(A) = r(B) = r < n$.

② 在 B 的行最简形矩阵中代入 $x_1, x_2, \cdots, x_n$，得 $Ax = b$ 的同解方程组.

③ 移项.将每个方程的第一个变量不动，其余的移项到等号右侧，则右侧出现的 $n-r$ 个变量为自由变量.

④ 求特解.将 $n-r$ 个自由变量全部设为零，代入方程组，求出非自由变量的值，构成列向量为特解 η^*.

⑤ 将③中的非零常数删去得对应齐次方程的同解方程组，右侧出现的 $n-r$ 个变量为自由变量.

⑥ 将 $n-r$ 个自由变量构成列向量，将该 $n-r$ 个列向量分别设为 $n-r$ 个线性无关的向量，例如设为 $\begin{pmatrix}1\\0\\\vdots\\0\end{pmatrix}, \begin{pmatrix}0\\1\\\vdots\\0\end{pmatrix}, \cdots, \begin{pmatrix}0\\0\\\vdots\\1\end{pmatrix}$.

⑦ 将上述每个向量代入，得非自由变量的 $n-r$ 组值；

⑧ 合并整理得 $\boldsymbol{\xi}_1, \boldsymbol{\xi}_2, \cdots, \boldsymbol{\xi}_{n-r}$ 为对应齐次方程组 $Ax = 0$ 的基础解系；

⑨ 该非齐次方程组的通解为 $x = k_1\boldsymbol{\xi}_1 + k_2\boldsymbol{\xi}_2 + \cdots + k_{n-r}\boldsymbol{\xi}_{n-r} + \boldsymbol{\eta}^*$ ($k_1, k_2, \cdots, k_{n-r} \in \mathbf{R}$).

4.1　向量空间

一、基本要求

(1) 理解 n 维向量的概念，理解向量组的概念及与矩阵对应；

(2) 理解线性组合的概念；

(3) 理解向量组 B 由向量组 A 线性表示的概念及矩阵表达式，掌握两向量组等价的概念.

二、知识考点概述

向量 b 由向量组 A：$a_1, a_2, a_3, \cdots, a_m$ 线性表示：给定向量 b 和向量组 A：$a_1, a_2, a_3, \cdots, a_m$，如果存在一组数 $\lambda_1, \lambda_2, \cdots, \lambda_m$ 使 $b = \lambda_1 a_1 + \lambda_2 a_2 + \cdots + \lambda_m a_m$，则向量 b 由向量组 A：$a_1, a_2, a_3, \cdots, a_m$ 线性表示.

定理1　向量 b 由向量组 A：$a_1, a_2, a_3, \cdots, a_m$ 线性表示的充分必要条件是 $r(a_1, a_2, a_3, \cdots, a_m) = r(a_1, a_2, a_3, \cdots, a_m, b)$

若向量组 B：$b_1, b_2, \cdots, b_l$ 与向量组 A：$a_1, a_2, a_3, \cdots, a_m$ 互相线性表示，则向量组 B：$b_1, b_2, \cdots, b_l$ 与向量组 A：$a_1, a_2, a_3, \cdots, a_m$ 等价.

定理2　向量组 B：$b_1, b_2, \cdots, b_l$ 由向量组 A：$a_1, a_2, a_3, \cdots, a_m$ 线性表示的充分必要条件是

$$r(\boldsymbol{a}_1,\boldsymbol{a}_2,\boldsymbol{a}_3,\cdots,\boldsymbol{a}_m)=r(\boldsymbol{a}_1,\boldsymbol{a}_2,\boldsymbol{a}_3,\cdots,\boldsymbol{a}_m,\boldsymbol{b}_1,\boldsymbol{b}_2,\cdots,\boldsymbol{b}_l)$$

推论 向量组 $\boldsymbol{B}$: $\boldsymbol{b}_1,\boldsymbol{b}_2,\cdots,\boldsymbol{b}_l$ 与向量组 $\boldsymbol{A}$: $\boldsymbol{a}_1,\boldsymbol{a}_2,\boldsymbol{a}_3,\cdots,\boldsymbol{a}_m$ 等价的充分必要条件是

$$r(\boldsymbol{a}_1,\boldsymbol{a}_2,\boldsymbol{a}_3,\cdots,\boldsymbol{a}_m)=r(\boldsymbol{a}_1,\boldsymbol{a}_2,\boldsymbol{a}_3,\cdots,\boldsymbol{a}_m,\boldsymbol{b}_1,\boldsymbol{b}_2,\cdots,\boldsymbol{b}_l)=r(\boldsymbol{b}_1,\boldsymbol{b}_2,\cdots,\boldsymbol{b}_l)$$

定理 3 若向量组 $\boldsymbol{B}$: $\boldsymbol{b}_1,\boldsymbol{b}_2,\cdots,\boldsymbol{b}_l$ 由向量组

$\boldsymbol{A}$:$\boldsymbol{a}_1,\boldsymbol{a}_2,\boldsymbol{a}_3,\cdots,\boldsymbol{a}_m$ 线性表示 $\Rightarrow r(\boldsymbol{b}_1,\boldsymbol{b}_2,\cdots,\boldsymbol{b}_l)<r(\boldsymbol{a}_1,\boldsymbol{a}_2,\boldsymbol{a}_3,\cdots,\boldsymbol{a}_m)$.

三、典型例题

例 4.1 $\boldsymbol{A}:\boldsymbol{a}_1=\begin{pmatrix}1\\1\\2\\2\end{pmatrix},\boldsymbol{a}_2=\begin{pmatrix}1\\2\\1\\3\end{pmatrix},\boldsymbol{a}_3=\begin{pmatrix}1\\-1\\4\\0\end{pmatrix}$,及 $\boldsymbol{b}=\begin{pmatrix}1\\0\\3\\1\end{pmatrix}$

证明:向量 $\boldsymbol{b}$ 可以由向量组 $\boldsymbol{A}$:$\boldsymbol{a}_1,\boldsymbol{a}_2,\boldsymbol{a}_3$ 线性表示,并求表达式.

证明 $(\boldsymbol{a}_1,\boldsymbol{a}_2,\boldsymbol{a}_3,\boldsymbol{b})=\begin{pmatrix}1&1&1&1\\1&2&-1&0\\2&1&4&3\\2&3&0&1\end{pmatrix}\longrightarrow\begin{pmatrix}1&1&1&1\\0&1&-2&-1\\0&-1&2&1\\0&1&-2&-1\end{pmatrix}\longrightarrow$

$$\begin{pmatrix}1&1&1&1\\0&1&-2&-1\\0&0&0&0\\0&0&0&0\end{pmatrix}$$

$$r(\boldsymbol{a}_1,\boldsymbol{a}_2,\boldsymbol{a}_3)=r(\boldsymbol{a}_1,\boldsymbol{a}_2,\boldsymbol{a}_3,\boldsymbol{b})=2$$

由定理 1

$$r(\boldsymbol{a}_1,\boldsymbol{a}_2,\boldsymbol{a}_3)=r(\boldsymbol{a}_1,\boldsymbol{a}_2,\boldsymbol{a}_3,\boldsymbol{b})$$

则向量 $\boldsymbol{b}$ 可以由向量组 $\boldsymbol{A}$:$\boldsymbol{a}_1,\boldsymbol{a}_2,\boldsymbol{a}_3$ 线性表示. 设 $\lambda_1,\lambda_2,\lambda_3$ 满足 $\lambda_1\boldsymbol{a}_1+\lambda_2\boldsymbol{a}_2+\lambda_3\boldsymbol{a}_3=\boldsymbol{b}$.

$$\boldsymbol{A}=(\boldsymbol{a}_1,\boldsymbol{a}_2,\boldsymbol{a}_3),\boldsymbol{B}=(\boldsymbol{a}_1,\boldsymbol{a}_2,\boldsymbol{a}_3,\boldsymbol{b})=(\boldsymbol{A},\boldsymbol{b})\xrightarrow{r}\begin{pmatrix}1&1&1&1\\0&1&-2&-1\\0&0&0&0\\0&0&0&0\end{pmatrix}$$

$(r(\boldsymbol{A})=r(\boldsymbol{B})=2<3$ 无穷解$)\xrightarrow{r_1-r_2}$

$$\begin{pmatrix}1&0&3&2\\0&1&-2&-1\\0&0&0&0\\0&0&0&0\end{pmatrix}$$

$$\begin{cases}\lambda_1=-3\lambda_3+2\\ \lambda_2=2\lambda_3-1\end{cases}$$

设 $\lambda_3=c$,

$$\begin{cases}\lambda_1=-3c+2\\ \lambda_2=2c-1\\ \lambda_3=c\end{cases}$$

$$\boldsymbol{b}=(-3c+2)\boldsymbol{a}_1+(2c-1)\boldsymbol{a}_2+c\boldsymbol{a}_3 \quad (c\in\mathbf{R})$$

例 4.2　$\boldsymbol{A}:\boldsymbol{a}_1=\begin{pmatrix}0\\1\\1\end{pmatrix},\boldsymbol{a}_2=\begin{pmatrix}1\\0\\1\end{pmatrix}\boldsymbol{a}_3=\begin{pmatrix}1\\1\\0\end{pmatrix},\boldsymbol{b}=\begin{pmatrix}0\\3\\-1\end{pmatrix}$

证明:向量 $\boldsymbol{b}$ 可以由向量组 $\boldsymbol{A}:\boldsymbol{a}_1,\boldsymbol{a}_2,\boldsymbol{a}_3$ 线性表示,并求表达式.

证明　$$(\boldsymbol{a}_1,\boldsymbol{a}_2,\boldsymbol{a}_3,\boldsymbol{b})=\begin{pmatrix}0&1&1&0\\1&0&1&3\\1&1&0&-1\end{pmatrix}\xrightarrow{r_1\leftrightarrow r_3}\begin{pmatrix}1&1&0&-1\\1&0&1&3\\0&1&1&0\end{pmatrix}\xrightarrow{r_2-r_1}$$

$$\begin{pmatrix}1&1&0&-1\\0&-1&1&4\\0&1&1&0\end{pmatrix}\xrightarrow{r_3+r_2}\begin{pmatrix}1&1&0&-1\\0&-1&1&4\\0&0&2&4\end{pmatrix}$$

得 $r(\boldsymbol{a}_1,\boldsymbol{a}_2,\boldsymbol{a}_3)=r(\boldsymbol{a}_1,\boldsymbol{a}_2,\boldsymbol{a}_3,\boldsymbol{b})=3$

由定理 1:$r(\boldsymbol{a}_1,\boldsymbol{a}_2,\boldsymbol{a}_3)=r(\boldsymbol{a}_1,\boldsymbol{a}_2,\boldsymbol{a}_3,\boldsymbol{b})$,则向量 $\boldsymbol{b}$ 可以由向量组 $\boldsymbol{A}:\boldsymbol{a}_1,\boldsymbol{a}_2,\boldsymbol{a}_3$ 线性表示.

设 $\lambda_1,\lambda_2,\lambda_3$ 满足 $\lambda_1\boldsymbol{a}_1+\lambda_2\boldsymbol{a}_2+\lambda_3\boldsymbol{a}_3=\boldsymbol{b}$

$$\boldsymbol{A}=(\boldsymbol{a}_1,\boldsymbol{a}_2,\boldsymbol{a}_3),\quad \boldsymbol{B}=(\boldsymbol{a}_1,\boldsymbol{a}_2,\boldsymbol{a}_3,\boldsymbol{b})=(\boldsymbol{A},\boldsymbol{b})\xrightarrow{r}\begin{pmatrix}1&0&0&1\\0&1&0&-2\\0&0&1&2\end{pmatrix}$$

$$\begin{cases}\lambda_1=1\\\lambda_2=-2\\\lambda_3=2\end{cases}\quad \boldsymbol{b}=\boldsymbol{a}_1-2\boldsymbol{a}_2+2\boldsymbol{a}_3$$

例 4.3　设

$$\boldsymbol{\beta}_1=\begin{pmatrix}1\\0\\-1\end{pmatrix},\boldsymbol{\beta}_2=\begin{pmatrix}1\\1\\1\end{pmatrix},\boldsymbol{\beta}_3=\begin{pmatrix}3\\1\\-1\end{pmatrix},\boldsymbol{\beta}_4=\begin{pmatrix}5\\3\\1\end{pmatrix}$$

试判断 $\boldsymbol{\beta}_4$ 可否由 $\boldsymbol{\beta}_1,\boldsymbol{\beta}_2,\boldsymbol{\beta}_3$ 线性表示?

解　设 $\boldsymbol{\beta}_4=k_1\boldsymbol{\beta}_1+k_2\boldsymbol{\beta}_2+k_3\boldsymbol{\beta}_3$,比较两端的对应分量可得

$$\begin{pmatrix}1&1&3\\0&1&1\\-1&1&-1\end{pmatrix}\begin{pmatrix}k_1\\k_2\\k_3\end{pmatrix}=\begin{pmatrix}5\\3\\1\end{pmatrix}$$

求得一组解为

$$\begin{pmatrix}k_1\\k_2\\k_3\end{pmatrix}=\begin{pmatrix}0\\2\\1\end{pmatrix}$$

于是有 $\boldsymbol{\beta}_4=0\boldsymbol{\beta}_1+2\boldsymbol{\beta}_2+1\boldsymbol{\beta}_3$,即 $\boldsymbol{\beta}_4$ 可由 $\boldsymbol{\beta}_1,\boldsymbol{\beta}_2,\boldsymbol{\beta}_3$ 线性表示.

注　取另一组解 $\begin{pmatrix}k_1\\k_2\\k_3\end{pmatrix}=\begin{pmatrix}2\\3\\0\end{pmatrix}$ 时,有 $\boldsymbol{\beta}_4=2\boldsymbol{\beta}_1+3\boldsymbol{\beta}_2+0\boldsymbol{\beta}_3$.

例 4.4 试将 $\boldsymbol{\beta}$ 由 $\boldsymbol{\alpha}_1,\boldsymbol{\alpha}_2,\boldsymbol{\alpha}_3$ 线性表示.

(1)$\boldsymbol{\beta}=\begin{pmatrix}3\\-3\\-3\end{pmatrix},\boldsymbol{\alpha}_1=\begin{pmatrix}1\\-1\\2\end{pmatrix},\boldsymbol{\alpha}_2=\begin{pmatrix}0\\1\\3\end{pmatrix},\boldsymbol{\alpha}_3=\begin{pmatrix}2\\1\\4\end{pmatrix}$.

(2)$\boldsymbol{\beta}=(3,5,-6),\boldsymbol{\alpha}_1=(1,0,1),\boldsymbol{\alpha}_2=(1,1,1),\boldsymbol{\alpha}_3=(0,-1,-1)$.(若再加一个向量如何?)

(3)$\boldsymbol{\beta}=(0,0,0),\boldsymbol{\alpha}_1=(1,2,3),\boldsymbol{\alpha}_2=(2,3,4),\boldsymbol{\alpha}_3=(3,2,1)$.

解 (1) 设 $k_1\boldsymbol{\alpha}_1+k_2\boldsymbol{\alpha}_2+k_3\boldsymbol{\alpha}_3=\boldsymbol{\beta}$,则对应的方程组为

$$\begin{cases}k_1+2k_3=3\\-k_1+k_2+k_3=-3\\2k_1+3k_2+4k_3=-3\end{cases}$$

$$\begin{pmatrix}1&0&2&3\\-1&1&1&-3\\2&3&4&-3\end{pmatrix}\to\begin{pmatrix}1&0&0&1\\0&1&0&-3\\0&0&1&1\end{pmatrix}$$

故 $\boldsymbol{\beta}=\boldsymbol{\alpha}_1-3\boldsymbol{\alpha}_2+\boldsymbol{\alpha}_3$.

(2)$\boldsymbol{\beta}=-11\boldsymbol{\alpha}_1+14\boldsymbol{\alpha}_2+9\boldsymbol{\alpha}_3$

(3)$\boldsymbol{\beta}=0\boldsymbol{\alpha}_1+0\boldsymbol{\alpha}_2+0\boldsymbol{\alpha}_3=-5\boldsymbol{\alpha}_1-4\boldsymbol{\alpha}_2+\boldsymbol{\alpha}_3$

例 4.5 $\boldsymbol{A}:\boldsymbol{a}_1=\begin{pmatrix}1\\-1\\1\\-1\end{pmatrix},\boldsymbol{a}_2=\begin{pmatrix}3\\1\\1\\3\end{pmatrix},\boldsymbol{a}_3=\begin{pmatrix}2\\0\\1\\1\end{pmatrix},\boldsymbol{B}:\boldsymbol{b}_1=\begin{pmatrix}1\\1\\0\\2\end{pmatrix},\boldsymbol{b}_2=\begin{pmatrix}3\\-1\\2\\0\end{pmatrix}$

证明:向量组 $\boldsymbol{A}:\boldsymbol{a}_1,\boldsymbol{a}_2,\boldsymbol{a}_3$ 与向量组 $\boldsymbol{B}:\boldsymbol{b}_1,\boldsymbol{b}_2$ 等价.

证明 $(\boldsymbol{a}_1,\boldsymbol{a}_2,\boldsymbol{a}_3,\boldsymbol{b}_1,\boldsymbol{b}_2)=\begin{pmatrix}1&3&2&1&3\\-1&1&0&1&-1\\1&1&1&0&2\\-1&3&1&2&0\end{pmatrix}\longrightarrow$

$$\begin{pmatrix}1&3&2&1&3\\0&4&2&2&2\\0&-2&-1&-1&-1\\0&6&3&3&3\end{pmatrix}\xrightarrow{r_2\div 2}$$

$$\begin{pmatrix}1&3&2&1&3\\0&2&1&1&1\\0&-2&-1&-1&-1\\0&6&3&3&3\end{pmatrix}\longrightarrow$$

$$\begin{pmatrix}1&3&2&1&3\\0&2&1&1&1\\0&0&0&0&0\\0&0&0&0&0\end{pmatrix}$$

$$r(\boldsymbol{a}_1,\boldsymbol{a}_2,\boldsymbol{a}_3)=r(\boldsymbol{a}_1,\boldsymbol{a}_2,\boldsymbol{a}_3,\boldsymbol{b}_1,\boldsymbol{b}_2)=2$$

又由$(\boldsymbol{b}_1,\boldsymbol{b}_2)\xrightarrow{r}\begin{pmatrix}1&3\\0&-2\\0&0\\0&0\end{pmatrix}$，$r(\boldsymbol{b}_1,\boldsymbol{b}_2)=2$

由定理2的推论 $r(\boldsymbol{a}_1,\boldsymbol{a}_2,\boldsymbol{a}_3)=r(\boldsymbol{a}_1,\boldsymbol{a}_2,\boldsymbol{a}_3,\boldsymbol{b}_1,\boldsymbol{b}_2)=r(\boldsymbol{b}_1,\boldsymbol{b}_2)$，则向量组 $\boldsymbol{A}:\boldsymbol{a}_1,\boldsymbol{a}_2,\boldsymbol{a}_3$ 与向量组 $\boldsymbol{B}:\boldsymbol{b}_1,\boldsymbol{b}_2$ 等价.

4.2　向量组的线性相关性及向量组的秩和极大无关组

一、基本要求

(1) 理解向量组线性相关与无关的概念及性质，熟悉它们与齐次线性方程组的联系；

(2) 理解向量组的极大无关组与向量组的秩的概念，掌握向量组的秩和矩阵的秩的关系，会用矩阵的初等变换求向量组的秩和极大无关组.

二、知识考点概述

向量组 $\boldsymbol{A}$：$\boldsymbol{a}_1,\boldsymbol{a}_2,\boldsymbol{a}_3,\cdots,\boldsymbol{a}_m$ 线性相关：已知向量组 $\boldsymbol{A}$：$\boldsymbol{a}_1,\boldsymbol{a}_2,\boldsymbol{a}_3,\cdots,\boldsymbol{a}_m$；

若存在不全为零的数 $k_1,k_2,\cdots,k_m$ 满足

$$k_1\boldsymbol{a}_1+k_2\boldsymbol{a}_2+\cdots+k_m\boldsymbol{a}_m=\boldsymbol{0}\tag{1}$$

则向量组 $\boldsymbol{A}$：$\boldsymbol{a}_1,\boldsymbol{a}_2,\boldsymbol{a}_3,\cdots,\boldsymbol{a}_m$ 线性相关；若只有当

$$k_1=k_2=\cdots=k_m=0$$

时式(1)成立，则向量组 $\boldsymbol{A}$：$\boldsymbol{a}_1,\boldsymbol{a}_2,\boldsymbol{a}_3,\cdots,\boldsymbol{a}_m$ 线性无关.

定理4　向量组 $\boldsymbol{A}$：$\boldsymbol{a}_1,\boldsymbol{a}_2,\boldsymbol{a}_3,\cdots,\boldsymbol{a}_m$ 线性相关的充分必要条件是

$$r(\boldsymbol{a}_1,\boldsymbol{a}_2,\boldsymbol{a}_3,\cdots,\boldsymbol{a}_m)<m$$

向量组 $\boldsymbol{A}$：$\boldsymbol{a}_1,\boldsymbol{a}_2,\boldsymbol{a}_3,\cdots,\boldsymbol{a}_m$ 线性无关的充分必要条件是

$$r(\boldsymbol{a}_1,\boldsymbol{a}_2,\boldsymbol{a}_3,\cdots,\boldsymbol{a}_m)=m$$

线性无关与线性相关的几个特殊情况：

(1) 初始单位向量组线性无关；$r(\boldsymbol{\varepsilon}_1,\boldsymbol{\varepsilon}_2,\cdots,\boldsymbol{\varepsilon}_n)=n$，所以线性无关；

(2) 一个零向量线性相关，一个非零向量线性无关；

对于零向量，任意 $k\neq0$ 都可使 $k\cdot\boldsymbol{0}=\boldsymbol{0}$；对于非零向量 $\boldsymbol{\alpha}$，只有 $k=0$ 时，$k\boldsymbol{\alpha}=\boldsymbol{0}$；

(3) 若向量组中的部分向量(部分组)线性相关，则整个向量组线性相关.

定理5　①已知向量组 $\boldsymbol{A}$：$\boldsymbol{a}_1,\boldsymbol{a}_2,\boldsymbol{a}_3,\cdots,\boldsymbol{a}_m$ 线性相关 $\Rightarrow$ 向量 $\boldsymbol{a}_1,\boldsymbol{a}_2,\boldsymbol{a}_3,\cdots,\boldsymbol{a}_m,\boldsymbol{a}_{m+1}$ 线性相关；已知向量组 $\boldsymbol{A}$：$\boldsymbol{a}_1,\boldsymbol{a}_2,\boldsymbol{a}_3,\cdots,\boldsymbol{a}_m$ 线性无关 $\Rightarrow$ 向量 $\boldsymbol{a}_1,\boldsymbol{a}_2,\boldsymbol{a}_3,\cdots,\boldsymbol{a}_{m-1}$ 线性无关；

② m 个 n 维向量构成的向量组，当 $n<m$ 时 $\Rightarrow m$ 个 n 维向量构成的向量组线性相关；

③ 已知向量组 $\boldsymbol{A}$：$\boldsymbol{a}_1,\boldsymbol{a}_2,\boldsymbol{a}_3,\cdots,\boldsymbol{a}_m$ 线性无关，且 $\boldsymbol{a}_1,\boldsymbol{a}_2,\cdots,\boldsymbol{a}_m,\boldsymbol{b}$ 线性相关 $\Rightarrow$ 向量 $\boldsymbol{b}$ 由向量组 $\boldsymbol{A}$：$\boldsymbol{a}_1,\boldsymbol{a}_2,\boldsymbol{a}_3,\cdots,\boldsymbol{a}_m$ 线性表示.

(2) 向量组的极大无关组和向量组的秩：

已知向量组 $\boldsymbol{A}$：$\boldsymbol{a}_1,\boldsymbol{a}_2,\boldsymbol{a}_3,\cdots,\boldsymbol{a}_m$，选出 r 个向量 $\boldsymbol{a}_1,\boldsymbol{a}_2,\cdots,\boldsymbol{a}_r$，若

① $\boldsymbol{a}_1,\boldsymbol{a}_2,\cdots,\boldsymbol{a}_r$ 线性无关；

② 向量组 $\boldsymbol{A}$：$\boldsymbol{a}_1,\boldsymbol{a}_2,\boldsymbol{a}_3,\cdots,\boldsymbol{a}_m$ 中任意 $r+1$ 个向量(若存在)线性相关

则 $\boldsymbol{a}_1,\boldsymbol{a}_2,\cdots,\boldsymbol{a}_r$ 为向量组 $\boldsymbol{A}$：$\boldsymbol{a}_1,\boldsymbol{a}_2,\boldsymbol{a}_3,\cdots,\boldsymbol{a}_m$ 的极大无关组，向量组 $\boldsymbol{A}$：$\boldsymbol{a}_1,\boldsymbol{a}_2,\boldsymbol{a}_3,\cdots,\boldsymbol{a}_m$ 的极大无关组中所含有的向量个数 r 为向量组 $\boldsymbol{A}$：$\boldsymbol{a}_1,\boldsymbol{a}_2,\boldsymbol{a}_3,\cdots,\boldsymbol{a}_m$ 的秩.

定理 6 矩阵的秩等于它的列向量组的秩，也等于它的行向量组的秩.

推论 （极大无关组的等价定义）设向量组 $\boldsymbol{A}_0$：$\boldsymbol{a}_1,\boldsymbol{a}_2,\cdots,\boldsymbol{a}_r$ 是向量组 $\boldsymbol{A}$：$\boldsymbol{a}_1,\boldsymbol{a}_2,\boldsymbol{a}_3,\cdots,\boldsymbol{a}_m$ 的一个部分组，且满足

① 向量组 $\boldsymbol{A}_0$ 线性无关；

② 向量组 $\boldsymbol{A}$ 的任一向量都能由向量组 $\boldsymbol{A}_0$ 线性表示，

那么向量组 $\boldsymbol{A}_0$：$\boldsymbol{a}_1,\boldsymbol{a}_2,\cdots,\boldsymbol{a}_r$ 是向量组 $\boldsymbol{A}$：$\boldsymbol{a}_1,\boldsymbol{a}_2,\boldsymbol{a}_3,\cdots,\boldsymbol{a}_m$ 的一个极大无关组.

求向量组 $\boldsymbol{A}$：$\boldsymbol{a}_1,\boldsymbol{a}_2,\boldsymbol{a}_3,\cdots,\boldsymbol{a}_m$ 的秩及极大无关组的方法：

① 构成矩阵 $(\boldsymbol{a}_1,\boldsymbol{a}_2,\cdots,\boldsymbol{a}_m)$；

② 将 $(\boldsymbol{a}_1,\boldsymbol{a}_2,\cdots,\boldsymbol{a}_m)\xrightarrow{r}$ 行阶梯形，若行阶梯形非零行数为 r，则 $r_A=r$；

③ 找出行阶梯形非零行非零首元所在的列标，在 $(\boldsymbol{a}_1,\boldsymbol{a}_2,\cdots,\boldsymbol{a}_m)$ 中找出各列对应的向量，以列标为第 $1,2,\cdots,r$ 列，则对应的向量为 $\boldsymbol{a}_1,\boldsymbol{a}_2,\cdots,\boldsymbol{a}_r$；

④ $(a,\boldsymbol{a}_2,\cdots,\boldsymbol{a}_r)\xrightarrow{r}$ 行阶梯形的前 r 列 $\Rightarrow r(\boldsymbol{a}_1,\boldsymbol{a}_2,\cdots,\boldsymbol{a}_r)=r=r$，由定理 4：$\boldsymbol{a}_1,\boldsymbol{a}_2,\boldsymbol{a}_3,\cdots,\boldsymbol{a}_r$ 线性无关，所以 $\boldsymbol{a}_1,\boldsymbol{a}_2,\cdots,\boldsymbol{a}_r$ 为向量组 $\boldsymbol{A}$：$\boldsymbol{a}_1,\boldsymbol{a}_2,\boldsymbol{a}_3,\cdots,\boldsymbol{a}_m$ 的极大无关组.

注 若 $\boldsymbol{B}$：$\boldsymbol{b}_1^{\mathrm{T}},\boldsymbol{b}_2^{\mathrm{T}},\cdots,\boldsymbol{b}_k^{\mathrm{T}}$ 为行向量组，则

在 ① 中构成矩阵 $\begin{pmatrix}\boldsymbol{b}_1^{\mathrm{T}}\\ \boldsymbol{b}_2^{\mathrm{T}}\\ \vdots\\ \boldsymbol{b}_k^{\mathrm{T}}\end{pmatrix}$，③ 中选行标，其他同理即可.

三、典型例题

例 4.6 判定下列向量组是否线性相关

(1) $\boldsymbol{\alpha}_1=\begin{pmatrix}1\\-1\\2\end{pmatrix},\boldsymbol{\alpha}_2=\begin{pmatrix}0\\1\\3\end{pmatrix},\boldsymbol{\alpha}_3=\begin{pmatrix}2\\1\\4\end{pmatrix}$.

(2) $\boldsymbol{\alpha}_1=(1,2,-1,5),\boldsymbol{\alpha}_2=(2,-1,1,1),\boldsymbol{\alpha}_3=(4,3,-1,1)$.

(3) $\boldsymbol{\alpha}_1=(-1,3,1),\boldsymbol{\alpha}_2=(2,1,0),\boldsymbol{\alpha}_3=(1,4,1)$.

解 (1) 无关 (2) 无关 (3) 相关

例 4.7 判定

$$\boldsymbol{\beta}_1=\begin{pmatrix}1\\0\\-1\end{pmatrix},\boldsymbol{\beta}_2=\begin{pmatrix}1\\1\\1\end{pmatrix},\boldsymbol{\beta}_3=\begin{pmatrix}3\\1\\-1\end{pmatrix},\boldsymbol{\beta}_4=\begin{pmatrix}5\\3\\1\end{pmatrix}$$

的线性相关性.

解 设 $k_1\boldsymbol{\beta}_1+k_2\boldsymbol{\beta}_2+k_3\boldsymbol{\beta}_3+k_4\boldsymbol{\beta}_4=\boldsymbol{0}$，比较两端的对应分量可得

$$\begin{pmatrix}1&1&3&5\\0&1&1&3\\-1&1&-1&1\end{pmatrix}\begin{pmatrix}k_1\\k_2\\k_3\\k_4\end{pmatrix}=\begin{pmatrix}0\\0\\0\end{pmatrix}$$

即 $\mathbf{A}\boldsymbol{x}=\mathbf{0}$.

因为未知量的个数是4，而 $r(\mathbf{A})<4$，所以 $\mathbf{A}\boldsymbol{x}=\mathbf{0}$ 有非零解，由定义知 $\boldsymbol{\beta}_1,\boldsymbol{\beta}_2,\boldsymbol{\beta}_3,\boldsymbol{\beta}_4$ 线性相关.

例 4.8 $\boldsymbol{a}_1=\begin{pmatrix}1\\1\\0\\-5\end{pmatrix}$，$\boldsymbol{a}_2=\begin{pmatrix}-1\\3\\1\\3\end{pmatrix}$，$\boldsymbol{a}_3=\begin{pmatrix}2\\-4\\-1\\-3\end{pmatrix}$，判断 $\boldsymbol{a}_1,\boldsymbol{a}_2,\boldsymbol{a}_3$ 是否线性相关.

解 $$(\boldsymbol{a}_1,\boldsymbol{a}_2,\boldsymbol{a}_3)=\begin{pmatrix}1&-1&2\\1&3&-4\\0&1&-1\\-5&3&-3\end{pmatrix}\longrightarrow\begin{pmatrix}1&-1&2\\0&4&-6\\0&1&-1\\0&-2&7\end{pmatrix}\xrightarrow{r_2\leftrightarrow r_3}$$

$$\begin{pmatrix}1&-1&2\\0&1&-1\\0&4&-6\\0&-2&7\end{pmatrix}\longrightarrow\begin{pmatrix}1&-1&2\\0&1&-1\\0&0&-2\\0&0&5\end{pmatrix}\xrightarrow{r_4+\frac{5}{2}r_3}\begin{pmatrix}1&-1&2\\0&1&-1\\0&0&-2\\0&0&0\end{pmatrix}$$

$r(\boldsymbol{a}_1,\boldsymbol{a}_2,\boldsymbol{a}_3)=3=3$，由定理4，$\boldsymbol{a}_1,\boldsymbol{a}_2,\boldsymbol{a}_3$ 线性无关.

例 4.9 $\boldsymbol{a}_1=\begin{pmatrix}2\\3\\2\end{pmatrix}$，$\boldsymbol{a}_2=\begin{pmatrix}3\\3\\3\end{pmatrix}$，$\boldsymbol{a}_3=\begin{pmatrix}4\\4\\4\end{pmatrix}$，判断 $\boldsymbol{a}_1,\boldsymbol{a}_2,\boldsymbol{a}_3$ 是否线性相关.

解 $$(\boldsymbol{a}_1,\boldsymbol{a}_2,\boldsymbol{a}_3)=\begin{pmatrix}2&3&4\\3&3&4\\2&3&4\end{pmatrix}\xrightarrow{r_2\times 2}\begin{pmatrix}2&3&4\\6&6&8\\2&3&4\end{pmatrix}\longrightarrow\begin{pmatrix}2&3&4\\0&-3&-4\\0&0&0\end{pmatrix}$$

$r(\boldsymbol{a}_1,\boldsymbol{a}_2,\boldsymbol{a}_3)=2<3$，由定理4，$\boldsymbol{a}_1,\boldsymbol{a}_2,\boldsymbol{a}_3$ 线性相关.

例 4.10 试证若 $\boldsymbol{\alpha},\boldsymbol{\beta},\boldsymbol{\gamma}$ 线性无关，则 $\boldsymbol{\alpha}+\boldsymbol{\beta},\boldsymbol{\alpha}+\boldsymbol{\gamma},\boldsymbol{\beta}+\boldsymbol{\gamma}$ 也线性无关.

证明 设存在 k_1,k_2,k_3 使 $k_1(\boldsymbol{\alpha}+\boldsymbol{\beta})+k_2(\boldsymbol{\beta}+\boldsymbol{\gamma})+k_3(\boldsymbol{\alpha}+\boldsymbol{\gamma})=\mathbf{0}$，得 $(k_1+k_3)\boldsymbol{\alpha}+(k_1+k_2)\boldsymbol{\beta}+(k_2+k_3)\boldsymbol{\gamma}=\mathbf{0}$，由于 $\boldsymbol{\alpha},\boldsymbol{\beta},\boldsymbol{\gamma}$ 线性无关，则

$$\begin{cases}k_1+k_3=0\\k_1+k_2=0\\k_2+k_3=0\end{cases}\Rightarrow\begin{cases}k_1=0\\k_2=0\\k_3=0\end{cases}$$

所以，$\boldsymbol{\alpha}+\boldsymbol{\beta},\boldsymbol{\alpha}+\boldsymbol{\gamma},\boldsymbol{\beta}+\boldsymbol{\gamma}$ 也线性无关.

例 4.11 已知 $\boldsymbol{\alpha}_1=\begin{pmatrix}\lambda+1\\4\\6\end{pmatrix}$，$\boldsymbol{\alpha}_2=\begin{pmatrix}1\\0\\\lambda\end{pmatrix}$，$\boldsymbol{\alpha}_3=\begin{pmatrix}2\\2\\\lambda\end{pmatrix}$，$\lambda$ 为何值时 $\boldsymbol{\alpha}_1,\boldsymbol{\alpha}_2,\boldsymbol{\alpha}_3$ 线性相关？并将 $\boldsymbol{\alpha}_1$ 用 $\boldsymbol{\alpha}_2,\boldsymbol{\alpha}_3$ 线性表示.

解 $\begin{pmatrix}1 & 2 & \lambda+1\\0 & 2 & 4\\\lambda & \lambda & 6\end{pmatrix}\to\begin{pmatrix}1 & 0 & \lambda-3\\0 & 1 & 2\\0 & 0 & 6-\lambda^2+\lambda\end{pmatrix}$(化成最简阶梯型矩阵的形式)

要使 $\boldsymbol{\alpha}_1,\boldsymbol{\alpha}_2,\boldsymbol{\alpha}_3$ 线性相关,需要 $r(\mathbf{A})<3$,则

$$6-\lambda^2+\lambda=0\Rightarrow\lambda=-2 \text{ 或 } \lambda=3$$

$\lambda=-2$ 时,$\boldsymbol{\alpha}_1=-5\boldsymbol{\alpha}_2+2\boldsymbol{\alpha}_3$;$\lambda=3$ 时,$\boldsymbol{\alpha}_1=0\cdot\boldsymbol{\alpha}_2+2\boldsymbol{\alpha}_3$.

例 4.12 向量组 $\boldsymbol{\alpha}_1,\boldsymbol{\alpha}_2,\cdots,\boldsymbol{\alpha}_n$ 线性相关 $\Leftrightarrow$ 至少有一个 $\boldsymbol{\alpha}_i$ 可以表示成其余 $n-1$ 个向量的线性组合.

证明 "$\Rightarrow$",由 $\boldsymbol{\alpha}_1,\boldsymbol{\alpha}_2,\cdots,\boldsymbol{\alpha}_n$ 线性相关,则存在一组不全为零的数 $k_1,k_2,\cdots,k_n$,使得 $k_1\boldsymbol{\alpha}_1+k_2\boldsymbol{\alpha}_2+\cdots+k_n\boldsymbol{\alpha}_n=\mathbf{0}$,假定 $k_i\neq0$,则有

$$k_i\boldsymbol{\alpha}_i=-k_1\boldsymbol{\alpha}_1-k_2\boldsymbol{\alpha}_2-\cdots-k_{i-1}\boldsymbol{\alpha}_{i-1}-k_{i+1}\boldsymbol{\alpha}_{i+1}-k_n\boldsymbol{\alpha}_n\Rightarrow$$

$$\boldsymbol{\alpha}_i=-\frac{k_1}{k_i}\boldsymbol{\alpha}_1-\frac{k_2}{k_i}\boldsymbol{\alpha}_2-\cdots-\frac{k_{i-1}}{k_i}\boldsymbol{\alpha}_{i-1}-\frac{k_{i+1}}{k_i}\boldsymbol{\alpha}_{i+1}-\cdots-\frac{k_n}{k_i}\boldsymbol{\alpha}_n$$

所以,$\boldsymbol{\alpha}_i$ 可以表示成 $\boldsymbol{\alpha}_1,\boldsymbol{\alpha}_2,\cdots,\boldsymbol{\alpha}_{i-1},\boldsymbol{\alpha}_{i+1},\cdots,\boldsymbol{\alpha}_n$ 的线性组合.

"$\Leftarrow$",设 $\boldsymbol{\alpha}_i=k_1\boldsymbol{\alpha}_1+k_2\boldsymbol{\alpha}_2+\cdots+k_{i-1}\boldsymbol{\alpha}_{i-1}+k_{i+1}\boldsymbol{\alpha}_{i+1}+\cdots+k_n\boldsymbol{\alpha}_n$,则

$$k_1\boldsymbol{\alpha}_1+k_2\boldsymbol{\alpha}_2+\cdots+k_{i-1}\boldsymbol{\alpha}_{i-1}+(-1)\boldsymbol{\alpha}_i+k_{i+1}\boldsymbol{\alpha}_{i+1}+\cdots+k_n\boldsymbol{\alpha}_n=\mathbf{0}$$

从而 $\boldsymbol{\alpha}_1,\boldsymbol{\alpha}_2,\cdots,\boldsymbol{\alpha}_n$ 线性相关.

例 4.13 若 $\boldsymbol{\alpha}_1,\boldsymbol{\alpha}_2,\cdots,\boldsymbol{\alpha}_n,\boldsymbol{\beta}$ 线性相关,而 $\boldsymbol{\alpha}_1,\boldsymbol{\alpha}_2,\cdots,\boldsymbol{\alpha}_n$ 线性无关,则 $\boldsymbol{\beta}$ 可由 $\boldsymbol{\alpha}_1,\boldsymbol{\alpha}_2,\cdots,\boldsymbol{\alpha}_n$ 线性表示,且表示法唯一.

证明 因为 $\boldsymbol{\alpha}_1,\boldsymbol{\alpha}_2,\cdots,\boldsymbol{\alpha}_n,\boldsymbol{\beta}$ 线性相关.则存在一组不全为零的数 $k_1,k_2,\cdots,k_n,k_{n+1}$ 使

$$k_1\boldsymbol{\alpha}_1+k_2\boldsymbol{\alpha}_2+\cdots+k_n\boldsymbol{\alpha}_n+k_{n+1}\boldsymbol{\beta}=\mathbf{0} \qquad (*)$$

又因为 $\boldsymbol{\alpha}_1,\boldsymbol{\alpha}_2,\cdots,\boldsymbol{\alpha}_n$ 线性无关,则使 $k_1\boldsymbol{\alpha}_1+k_2\boldsymbol{\alpha}_2+\cdots+k_n\boldsymbol{\alpha}_n=\mathbf{0}$ 成立的 $k_1,k_2,\cdots,k_n$ 全为 0,从而在式($*$)中的 $k_{n+1}\neq0$,于是 $\boldsymbol{\beta}=-\frac{k_1}{k_{n+1}}\boldsymbol{\alpha}_1-\frac{k_2}{k_{n+1}}\boldsymbol{\alpha}_2-\cdots-\frac{k_n}{k_{n+1}}\boldsymbol{\alpha}_n$.

(再证表示法唯一)

设 $\boldsymbol{\beta}=k_1\boldsymbol{\alpha}_1+k_2\boldsymbol{\alpha}_2+\cdots+k_n\boldsymbol{\alpha}_n$,$\boldsymbol{\beta}=l_1\boldsymbol{\alpha}_1+l_2\boldsymbol{\alpha}_2+\cdots+l_n\boldsymbol{\alpha}_n$,两式相减可得

$$\mathbf{0}=(k_1-l_1)\boldsymbol{\alpha}_1+(k_2-l_2)\boldsymbol{\alpha}_2+\cdots+(k_n-l_n)\boldsymbol{\alpha}_n$$

由于 $\boldsymbol{\alpha}_1,\boldsymbol{\alpha}_2,\cdots,\boldsymbol{\alpha}_n$ 线性无关,则 $k_i-l_i=0\Rightarrow k_i=l_i$,所以表示法唯一.

例 4.14 求 $\boldsymbol{\alpha}_1=\begin{pmatrix}2\\4\\2\end{pmatrix}$,$\boldsymbol{\alpha}_2=\begin{pmatrix}1\\1\\0\end{pmatrix}$,$\boldsymbol{\alpha}_3=\begin{pmatrix}2\\3\\1\end{pmatrix}$,$\boldsymbol{\alpha}_4=\begin{pmatrix}3\\5\\2\end{pmatrix}$ 的极大无关组,并将其余向量用该极大无关组线性表示.

解 $\mathbf{A}=\begin{pmatrix}2 & 1 & 2 & 3\\4 & 1 & 3 & 5\\2 & 0 & 1 & 2\end{pmatrix}\to\begin{pmatrix}1 & 0 & 1/2 & 1\\0 & 1 & 1 & 1\\0 & 0 & 0 & 0\end{pmatrix}=\mathbf{A}'=(\boldsymbol{\beta}_1\quad\boldsymbol{\beta}_2\quad\boldsymbol{\beta}_3\quad\boldsymbol{\beta}_4)$

显然在向量组 $\boldsymbol{\beta}_1,\boldsymbol{\beta}_2,\boldsymbol{\beta}_3,\boldsymbol{\beta}_4$ 中,$\boldsymbol{\beta}_1,\boldsymbol{\beta}_2$ 为极大无关组,$\boldsymbol{\beta}_3=\frac{1}{2}\boldsymbol{\beta}_1+\boldsymbol{\beta}_2$,$\boldsymbol{\beta}_4=\boldsymbol{\beta}_1+\boldsymbol{\beta}_2$.

从而，在原向量组中 $\boldsymbol{\alpha}_1,\boldsymbol{\alpha}_2$ 为极大无关组，$\boldsymbol{\alpha}_3=\frac{1}{2}\boldsymbol{\alpha}_1+\boldsymbol{\alpha}_2$，$\boldsymbol{\alpha}_4=\boldsymbol{\alpha}_1+\boldsymbol{\alpha}_2$.

例 4.15　求 $\boldsymbol{\alpha}_1=(1,0,0,1)$，$\boldsymbol{\alpha}_2=(0,1,0,-1)$，$\boldsymbol{\alpha}_3=(0,0,1,-1)$，$\boldsymbol{\alpha}_4=(2,-1,3,0)$ 的极大无关组，并将其余向量用该极大无关组线性表示.

解　$\begin{pmatrix}1&0&0&2\\0&1&0&-1\\0&0&1&3\\1&-1&-1&0\end{pmatrix}\to\begin{pmatrix}1&0&0&2\\0&1&0&-1\\0&0&1&3\\0&0&0&0\end{pmatrix}$，从而，在原向量组中 $\boldsymbol{\alpha}_1,\boldsymbol{\alpha}_2,\boldsymbol{\alpha}_3$ 为极大无关组，$\boldsymbol{\alpha}_4=2\boldsymbol{\alpha}_1-\boldsymbol{\alpha}_2+3\boldsymbol{\alpha}_3$.

例 4.16　求 $\boldsymbol{\alpha}_1=(1,0,1,0,1)$，$\boldsymbol{\alpha}_2=(0,1,1,0,1)$，$\boldsymbol{\alpha}_3=(1,1,0,0,1)$，$\boldsymbol{\alpha}_4=(-3,-2,3,0,-1)$ 的极大无关组，并将其余向量用该极大无关组线性表示.

解　$\begin{pmatrix}1&0&1&-3\\0&1&1&-2\\1&1&0&3\\0&0&0&0\\1&1&1&-1\end{pmatrix}\to\begin{pmatrix}1&0&0&1\\0&1&0&2\\0&0&1&-4\\0&0&0&0\\0&0&0&0\end{pmatrix}$，从而，在原向量组中 $\boldsymbol{\alpha}_1,\boldsymbol{\alpha}_2,\boldsymbol{\alpha}_3$ 为极大无关组，$\boldsymbol{\alpha}_4=\boldsymbol{\alpha}_1+2\boldsymbol{\alpha}_2-4\boldsymbol{\alpha}_3$.

例 4.17　$\boldsymbol{A}$：$\boldsymbol{a}_1=\begin{pmatrix}1\\3\\2\\3\end{pmatrix}$，$\boldsymbol{a}_2=\begin{pmatrix}-1\\-3\\-2\\-3\end{pmatrix}$，$\boldsymbol{a}_3=\begin{pmatrix}3\\5\\3\\4\end{pmatrix}$，$\boldsymbol{a}_4=\begin{pmatrix}-4\\-4\\-2\\-2\end{pmatrix}$，$\boldsymbol{a}_5=\begin{pmatrix}3\\1\\0\\-1\end{pmatrix}$

① 判断 $\boldsymbol{A}:\boldsymbol{a}_1,\boldsymbol{a}_2,\boldsymbol{a}_3,\boldsymbol{a}_4,\boldsymbol{a}_5$ 是否线性相关；

② 判断 $\boldsymbol{a}_1,\boldsymbol{a}_2,\boldsymbol{a}_5$ 是否线性相关；

③ 求向量组 $\boldsymbol{A}:\boldsymbol{a}_1,\boldsymbol{a}_2,\boldsymbol{a}_3,\boldsymbol{a}_4,\boldsymbol{a}_5$ 的一个极大无关组，并把不属于极大无关组的向量用极大无关组表示.

解　①$(\boldsymbol{a}_1,\boldsymbol{a}_2,\boldsymbol{a}_3,\boldsymbol{a}_4,\boldsymbol{a}_5)=\begin{pmatrix}1&-1&3&-4&3\\3&-3&5&-4&1\\2&-2&3&-2&0\\3&-3&4&-2&-1\end{pmatrix}\longrightarrow$

$\begin{pmatrix}1&-1&3&-4&3\\0&0&1&-2&2\\0&0&-3&6&-6\\0&0&-5&10&-10\end{pmatrix}\longrightarrow\begin{pmatrix}1&-1&3&-4&3\\0&0&1&-2&2\\0&0&0&0&0\\0&0&0&0&0\end{pmatrix}$

$r(\boldsymbol{a}_1,\boldsymbol{a}_2,\boldsymbol{a}_3,\boldsymbol{a}_4,\boldsymbol{a}_5)=2<5$，由定理 4，$\boldsymbol{A}:\boldsymbol{a}_1,\boldsymbol{a}_2,\boldsymbol{a}_3,\boldsymbol{a}_4,\boldsymbol{a}_5$ 线性相关.

② 由于$(\boldsymbol{a}_1,\boldsymbol{a}_2,\boldsymbol{a}_5)\xrightarrow{r}\begin{pmatrix}1&-1&3\\0&0&2\\0&0&0\\0&0&0\end{pmatrix}$，则 $r(\boldsymbol{a}_1,\boldsymbol{a}_2,\boldsymbol{a}_5)=2<3$，由定理 4，$\boldsymbol{a}_1,\boldsymbol{a}_2,\boldsymbol{a}_5$ 线

性相关.

$$③(\boldsymbol{a}_1,\boldsymbol{a}_2,\boldsymbol{a}_3,\boldsymbol{a}_4,\boldsymbol{a}_5)\xrightarrow{r}\begin{pmatrix}1&-1&3&-4&3\\0&0&1&-2&2\\0&0&0&0&0\\0&0&0&0&0\end{pmatrix},r(\mathbf{A})=2,\text{又由于}$$

$$(\boldsymbol{a}_1,\boldsymbol{a}_3)\xrightarrow{r}\begin{pmatrix}1&3\\0&1\\0&0\\0&0\end{pmatrix}$$

$$r(\boldsymbol{a}_1,\boldsymbol{a}_3)=2$$

由定理 4,$\boldsymbol{a}_1,\boldsymbol{a}_3$线性无关,则 $\boldsymbol{a}_1,\boldsymbol{a}_3$ 是向量组 $\mathbf{A}:\boldsymbol{a}_1,\boldsymbol{a}_2,\boldsymbol{a}_3,\boldsymbol{a}_4,\boldsymbol{a}_5$ 的极大无关组.

由于

$$(\boldsymbol{a}_1,\boldsymbol{a}_2,\boldsymbol{a}_3,\boldsymbol{a}_4,\boldsymbol{a}_5)\xrightarrow{r}\begin{pmatrix}1&-1&3&-4&3\\0&0&1&-2&2\\0&0&0&0&0\\0&0&0&0&0\end{pmatrix}\xrightarrow{r_1-3r_2}$$

$$\begin{pmatrix}1&-1&0&2&-3\\0&0&1&-2&2\\0&0&0&0&0\\0&0&0&0&0\end{pmatrix}$$

$$\boldsymbol{a}_2=-\boldsymbol{a}_1,\quad \boldsymbol{a}_4=2\boldsymbol{a}_1-2\boldsymbol{a}_3,\quad \boldsymbol{a}_5=-3\boldsymbol{a}_1+2\boldsymbol{a}_3$$

例 4.18 $\mathbf{A}:\boldsymbol{a}_1=\begin{pmatrix}1\\-1\\3\\2\end{pmatrix},\boldsymbol{a}_2=\begin{pmatrix}0\\2\\0\\1\end{pmatrix},\boldsymbol{a}_3=\begin{pmatrix}1\\1\\3\\3\end{pmatrix},\boldsymbol{a}_4=\begin{pmatrix}1\\-3\\3\\1\end{pmatrix}$

① 判断 $\mathbf{A}:\boldsymbol{a}_1,\boldsymbol{a}_2,\boldsymbol{a}_3,\boldsymbol{a}_4$ 是否线性相关;

② 判断 $\boldsymbol{a}_2,\boldsymbol{a}_3,\boldsymbol{a}_4$ 是否线性相关;

③ 求向量组 $\mathbf{A}:\boldsymbol{a}_1,\boldsymbol{a}_2,\boldsymbol{a}_3,\boldsymbol{a}_4$ 的一个极大无关组,并把不属于极大无关组的向量用极大无关组表示.

解 $①(\boldsymbol{a}_1,\boldsymbol{a}_2,\boldsymbol{a}_3,\boldsymbol{a}_4)=\begin{pmatrix}1&0&1&1\\-1&2&1&-3\\3&0&3&3\\2&1&3&1\end{pmatrix}\longrightarrow\begin{pmatrix}1&0&1&1\\0&2&2&-2\\0&0&0&0\\0&1&1&-1\end{pmatrix}\longrightarrow$

$$\begin{pmatrix}1&0&1&1\\0&1&1&-1\\0&2&2&-2\\0&0&0&0\end{pmatrix}\xrightarrow{r_3-2r_2}\begin{pmatrix}1&0&1&1\\0&1&1&-1\\0&0&0&0\\0&0&0&0\end{pmatrix}$$

$$r(\boldsymbol{a}_1,\boldsymbol{a}_2,\boldsymbol{a}_3,\boldsymbol{a}_4)=2<4$$

由定理 4，$\boldsymbol{A}:\boldsymbol{a}_1,\boldsymbol{a}_2,\boldsymbol{a}_3,\boldsymbol{a}_4$ 线性相关.

$$②(\boldsymbol{a}_2,\boldsymbol{a}_3,\boldsymbol{a}_4)\xrightarrow{r}\begin{pmatrix}0&1&1\\1&1&-1\\0&0&0\\0&0&0\end{pmatrix}\xrightarrow{r_2\leftrightarrow r_1}\begin{pmatrix}1&1&-1\\0&1&1\\0&0&0\\0&0&0\end{pmatrix},r(\boldsymbol{a}_2,\boldsymbol{a}_3,\boldsymbol{a}_4)=2<3$$

由定理 4，$\boldsymbol{a}_2,\boldsymbol{a}_3,\boldsymbol{a}_4$ 线性相关.

③$(\boldsymbol{a}_1,\boldsymbol{a}_2,\boldsymbol{a}_3,\boldsymbol{a}_4)\xrightarrow{r}\begin{pmatrix}1&0&1&1\\0&1&1&-1\\0&0&0&0\\0&0&0&0\end{pmatrix}$，所以向量组 $\boldsymbol{A}:\boldsymbol{a}_1,\boldsymbol{a}_2,\boldsymbol{a}_3,\boldsymbol{a}_4$ 的秩为 2，由于

$(\boldsymbol{a}_1,\boldsymbol{a}_2)\xrightarrow{r}\begin{pmatrix}1&0\\0&1\\0&0\\0&0\end{pmatrix}$，所以 $r(\boldsymbol{a}_1,\boldsymbol{a}_2)=2$，由定理 4，$\boldsymbol{a}_1,\boldsymbol{a}_2$ 线性无关，则 $\boldsymbol{a}_1,\boldsymbol{a}_2$ 是向量组 $\boldsymbol{A}$：$\boldsymbol{a}_1,\boldsymbol{a}_2,\boldsymbol{a}_3,\boldsymbol{a}_4$ 的极大无关组.

$$(\boldsymbol{a}_1,\boldsymbol{a}_2,\boldsymbol{a}_3,\boldsymbol{a}_4)\xrightarrow{r}\begin{pmatrix}1&0&1&1\\0&1&1&-1\\0&0&0&0\\0&0&0&0\end{pmatrix}$$

则

$$\boldsymbol{a}_3=\boldsymbol{a}_1+\boldsymbol{a}_2,\quad \boldsymbol{a}_4=\boldsymbol{a}_1-\boldsymbol{a}_2$$

例 4.19　$\boldsymbol{A}:\boldsymbol{a}_1=\begin{pmatrix}1\\1\\1\end{pmatrix},\boldsymbol{a}_2=\begin{pmatrix}1\\2\\1\end{pmatrix},\boldsymbol{a}_3=\begin{pmatrix}2\\3\\2\end{pmatrix},\boldsymbol{a}_4=\begin{pmatrix}1\\0\\1\end{pmatrix}$.

① 判断 $\boldsymbol{A}:\boldsymbol{a}_1,\boldsymbol{a}_2,\boldsymbol{a}_3,\boldsymbol{a}_4$ 是否线性相关；

② 求向量组 $\boldsymbol{A}:\boldsymbol{a}_1,\boldsymbol{a}_2,\boldsymbol{a}_3,\boldsymbol{a}_4$ 的一个极大无关组，并把不属于极大无关组的向量用极大无关组表示.

解　① $\begin{pmatrix}1&1&2&1\\1&2&3&0\\1&1&2&1\end{pmatrix}\overset{r}{\leftrightarrow}\begin{pmatrix}1&1&2&1\\0&1&1&-1\\0&0&0&0\end{pmatrix}$

$r(\boldsymbol{a}_1,\boldsymbol{a}_2,\boldsymbol{a}_3,\boldsymbol{a}_4)=2<4$，所以 $\boldsymbol{A}:\boldsymbol{a}_1,\boldsymbol{a}_2,\boldsymbol{a}_3,\boldsymbol{a}_4$ 线性相关.

② $\begin{pmatrix}1&1&2&1\\1&2&3&0\\1&1&2&1\end{pmatrix}\overset{r}{\leftrightarrow}\begin{pmatrix}1&1&2&1\\0&1&1&-1\\0&0&0&0\end{pmatrix}\overset{r}{\leftrightarrow}\begin{pmatrix}1&0&1&2\\0&1&1&-1\\0&0&0&0\end{pmatrix}$

所以$\boldsymbol{a}_1,\boldsymbol{a}_2$ 是它的一个极大无关组；

并且$\boldsymbol{a}_3=\boldsymbol{a}_1+\boldsymbol{a}_2,\boldsymbol{a}_4=2\boldsymbol{a}_1-\boldsymbol{a}_2$.

例 4.20 $\boldsymbol{A}:\boldsymbol{a}_1=\begin{pmatrix}1\\1\\2\\2\end{pmatrix},\boldsymbol{a}_2=\begin{pmatrix}1\\2\\1\\3\end{pmatrix},\boldsymbol{a}_3=\begin{pmatrix}1\\-1\\4\\0\end{pmatrix},\boldsymbol{a}_4=\begin{pmatrix}1\\0\\3\\1\end{pmatrix}$.

① 判断 $\boldsymbol{A}:\boldsymbol{a}_1,\boldsymbol{a}_2,\boldsymbol{a}_3,\boldsymbol{a}_4$ 是否线性相关；

② 求向量组 $\boldsymbol{A}:\boldsymbol{a}_1,\boldsymbol{a}_2,\boldsymbol{a}_3,\boldsymbol{a}_4$ 的一个极大无关组，并把不属于极大无关组的向量用极大无关组表示.

解 ① $\begin{pmatrix}1&1&1&1\\1&2&-1&0\\2&1&4&3\\2&3&0&1\end{pmatrix}\overset{r}{\leftrightarrow}\begin{pmatrix}1&1&1&1\\0&1&-2&-1\\0&0&0&0\\0&0&0&0\end{pmatrix}$

$r(\boldsymbol{a}_1,\boldsymbol{a}_2,\boldsymbol{a}_3,\boldsymbol{a}_4)=2<4$，所以 $\boldsymbol{A}:\boldsymbol{a}_1,\boldsymbol{a}_2,\boldsymbol{a}_3,\boldsymbol{a}_4$ 线性相关.

② 由于 $\begin{pmatrix}1&1&1&1\\1&2&-1&0\\2&1&4&3\\2&3&0&1\end{pmatrix}\overset{r}{\leftrightarrow}\begin{pmatrix}1&1&1&1\\0&1&-2&-1\\0&0&0&0\\0&0&0&0\end{pmatrix}\overset{r}{\leftrightarrow}\begin{pmatrix}1&0&3&2\\0&1&-2&-1\\0&0&0&0\\0&0&0&0\end{pmatrix}$

表明：$\boldsymbol{a}_1,\boldsymbol{a}_2$ 是向量组 $\boldsymbol{A}:\boldsymbol{a}_1,\boldsymbol{a}_2,\boldsymbol{a}_3,\boldsymbol{a}_4$ 的一个极大无关组，并且有 $\boldsymbol{a}_3=3\boldsymbol{a}_1-2\boldsymbol{a}_2$；$\boldsymbol{a}_4=2\boldsymbol{a}_1-\boldsymbol{a}_2$；

例 4.21 已知向量 $\boldsymbol{a}_1,\boldsymbol{a}_2,\boldsymbol{a}_3$ 线性无关，$\boldsymbol{b}_1=\boldsymbol{a}_1+\boldsymbol{a}_2,\boldsymbol{b}_2=\boldsymbol{a}_2+\boldsymbol{a}_3,\boldsymbol{b}_3=\boldsymbol{a}_3+\boldsymbol{a}_1$，证明：$\boldsymbol{b}_1,\boldsymbol{b}_2,\boldsymbol{b}_3$ 线性无关.

证明 $[\boldsymbol{b}_1\quad\boldsymbol{b}_2\quad\boldsymbol{b}_3]=[\boldsymbol{a}_1\quad\boldsymbol{a}_2\quad\boldsymbol{a}_3]^{\mathrm{T}}$，其中 $\boldsymbol{T}=\begin{pmatrix}1&0&1\\1&1&0\\0&1&1\end{pmatrix}$ 而 $|\boldsymbol{T}|=2\neq0$ 可逆，所以

$$[\boldsymbol{a}_1\quad\boldsymbol{a}_2\quad\boldsymbol{a}_3]=[b_1\quad b_2\quad b_3]\,\boldsymbol{T}^{-1}$$

这表明向量组 $[\boldsymbol{b}_1\quad\boldsymbol{b}_2\quad\boldsymbol{b}_3]$，$[\boldsymbol{a}_1\quad\boldsymbol{a}_2\quad\boldsymbol{a}_3]$ 是等价的，由于 $\boldsymbol{a}_1,\boldsymbol{a}_2,\boldsymbol{a}_3$ 线性无关，所以 $\boldsymbol{b}_1,\boldsymbol{b}_2,\boldsymbol{b}_3$ 线性无关.

4.3 线性方程组的解的构造

一、基本要求

(1) 掌握向量空间的概念，了解向量空间的基、维数，会求两个基之间的过渡矩阵；

(2) 理解齐次线性方程组的解集是一个向量空间，理解其系数矩阵的秩与解空间的维数关系；

(3) 掌握线性方程组解的结构，会用矩阵的初等变换解线性方程组.

二、知识考点概述

性质 ① 若 $\boldsymbol{x}=\boldsymbol{\xi}_1,\boldsymbol{x}=\boldsymbol{\xi}_2$ 为 $\boldsymbol{Ax}=\boldsymbol{0}$ 的解，则 $\boldsymbol{x}=\boldsymbol{\xi}_1+\boldsymbol{\xi}_2$ 也是 $\boldsymbol{Ax}=\boldsymbol{0}$ 的解；

② 若 $\boldsymbol{x}=\boldsymbol{\xi}_1$ 为 $\boldsymbol{Ax}=\boldsymbol{0}$ 的解，k 为实数，则 $\boldsymbol{x}=k\boldsymbol{\xi}_1$ 也是 $\boldsymbol{Ax}=\boldsymbol{0}$ 的解.

定理 7 设 $m\times n$ 矩阵 $\boldsymbol{A}$ 的秩 $r(\boldsymbol{A})=r$，则 n 元线性方程组 $\boldsymbol{Ax}=\boldsymbol{0}$ 的解集 $\boldsymbol{S}$ 的秩

$$r(\boldsymbol{S})=n-r$$

(1) 求齐次线性方程组的基础解系.

①$\boldsymbol{A}\xrightarrow{r}$行阶梯形，若 $r(\boldsymbol{A})=n$，方程有唯一的零解；

② 若 $r(\boldsymbol{A})=r<n$，将 $\boldsymbol{A}$ 的行阶梯形化为行最简形，代入 $x_1,x_2,\cdots,x_n$，常数为零得同解方程组；

③ 移项：将每个方程的第一个变量不动，其余的移项到等号右侧，则右侧出现的 $n-r$ 个变量为自由变量；

④ 将 $n-r$ 个自由变量构成列向量，将该 $n-r$ 个列向量分别设为 $n-r$ 个线性无关的向量，例如设为 $\begin{pmatrix}1\\0\\\vdots\\0\end{pmatrix},\begin{pmatrix}0\\1\\\vdots\\0\end{pmatrix},\cdots,\begin{pmatrix}0\\0\\\vdots\\1\end{pmatrix}$；

⑤ 将上述每个向量代入，得非自由变量的 $n-r$ 组值；

⑥ 合并整理得 $\boldsymbol{\xi}_1,\boldsymbol{\xi}_2,\cdots,\boldsymbol{\xi}_{n-r}$ 为 $\boldsymbol{Ax}=\boldsymbol{0}$ 的基础解系.

(2) 求非齐次线性方程组 $\boldsymbol{Ax}=\boldsymbol{b}$ 的特解及对应齐次方程(导出组)$\boldsymbol{Ax}=\boldsymbol{0}$ 的基础解系.

①$\boldsymbol{B}=(\boldsymbol{A}\vdots\boldsymbol{b})\xrightarrow{r}$行最简形，只考虑 $r(\boldsymbol{A})=r(\boldsymbol{B})=r<n$；

② 在 $\boldsymbol{B}$ 的行最简形中代入 $x_1,x_2,\cdots,x_n$，得 $\boldsymbol{Ax}=\boldsymbol{b}$ 的同解方程组；

③ 移项：将每个方程的第一个变量不动，其余的移项到等号右侧，则右侧出现的 $n-r$ 个变量为自由变量；

④ 求特解：将 $n-r$ 个自由变量全部设为零，代入方程组，求出非自由变量的值，构成列向量为特解 $\boldsymbol{\eta}^*$；

⑤ 将 ③ 中的常数删去得对应齐次方程同解方程组，右侧出现的 $n-r$ 个变量为自由变量；

⑥ 将 $n-r$ 个自由变量构成列向量，将该 $n-r$ 个列向量分别设为 $n-r$ 个线性无关的向量，例如设为 $\begin{pmatrix}1\\0\\\vdots\\0\end{pmatrix},\begin{pmatrix}0\\1\\\vdots\\0\end{pmatrix},\cdots,\begin{pmatrix}0\\0\\\vdots\\1\end{pmatrix}$；

⑦ 将上述每个向量代入，得非自由变量的 $n-r$ 组值；

⑧ 合并整理得 $\boldsymbol{\xi}_1,\boldsymbol{\xi}_2,\cdots,\boldsymbol{\xi}_{n-r}$ 为对应齐次方程组 $\boldsymbol{Ax}=\boldsymbol{0}$ 的基础解系；

⑨ 该非齐次方程组的同解为 $\boldsymbol{x}=k_1\boldsymbol{\xi}_1+k_2\boldsymbol{\xi}_2+\cdots+k_{n-r}\boldsymbol{\xi}_{n-r}+\boldsymbol{\eta}^*\ (k_1,k_2,\cdots,k_{n-r}\in\mathbf{R})$.

三、典型例题

例 4.22　若 $\boldsymbol{x}=\xi_1,\boldsymbol{x}=\xi_2$ 是齐次线性方程组 $\boldsymbol{Ax}=0$ 的基础解系，则该方程组的通解为(　　).

答案　$\boldsymbol{x}=k_1\boldsymbol{\xi}_1+k_2\boldsymbol{\xi}_2\quad k_1,k_2\in\mathbf{R}$

例 4.23　设 n 元齐次线性方程组 $\boldsymbol{Ax}=\boldsymbol{0}$ 的系数矩阵 $\boldsymbol{A}$ 的秩 $r(\boldsymbol{A})=r$，则该方程组的

基础解系中有(　　)个线性无关的非零向量.

答案　$n-r$

例 4.24　求$\begin{cases}x_1+2x_2+x_3-2x_4=0\\2x_1+3x_2-x_4=0\\x_1-x_2-5x_3+7x_4=0\end{cases}$的基础解系和通解.

解　$\boldsymbol{A}=\begin{pmatrix}1&2&1&-2\\2&3&0&-1\\1&-1&-5&7\end{pmatrix}\longrightarrow\begin{pmatrix}1&2&1&-2\\0&-1&-2&3\\0&-3&-6&9\end{pmatrix}\xrightarrow{r_3-3r_2}$

$$\begin{pmatrix}1&2&1&-2\\0&-1&-2&3\\0&0&0&0\end{pmatrix}\longrightarrow\begin{pmatrix}1&0&-3&4\\0&1&2&-3\\0&0&0&0\end{pmatrix}$$

则该方程组的同解方程组为

$$\begin{cases}x_1-3x_3+4x_4=0\\x_2+2x_3-3x_4=0\end{cases},\quad\begin{cases}x_1=3x_3-4x_4\\x_2=-2x_3+3x_4\end{cases}$$

设$\begin{pmatrix}x_3\\x_4\end{pmatrix}=\begin{pmatrix}1\\0\end{pmatrix},\begin{pmatrix}0\\1\end{pmatrix}$得

$$\begin{pmatrix}x_1\\x_2\end{pmatrix}=\begin{pmatrix}3\\-2\end{pmatrix},\begin{pmatrix}-4\\3\end{pmatrix}$$

基础解系

$$\boldsymbol{\xi}_1=\begin{pmatrix}3\\-2\\1\\0\end{pmatrix},\quad\boldsymbol{\xi}_2=\begin{pmatrix}-4\\3\\0\\1\end{pmatrix}$$

② 通解为

$$\boldsymbol{x}=k_1\boldsymbol{\xi}_1+k_2\boldsymbol{\xi}_2\quad(k_1,k_2\in\mathbf{R})$$

例 4.25　求$\begin{cases}x_1+x_2+x_3+4x_4-3x_5=0\\2x_1+x_2+3x_3+5x_4-5x_5=0\\3x_1+2x_2+4x_3+9x_4-8x_5=0\\3x_1+x_2+5x_3+6x_4-7x_5=0\end{cases}$的基础解系和通解.

解　$\boldsymbol{A}=\begin{pmatrix}1&1&1&4&-3\\2&1&3&5&-5\\3&2&4&9&-8\\3&1&5&6&-7\end{pmatrix}\longrightarrow\begin{pmatrix}1&1&1&4&-3\\0&-1&1&-3&1\\0&-1&1&-3&1\\0&-2&2&-6&2\end{pmatrix}\longrightarrow$

$$\begin{pmatrix}1&1&1&4&-3\\0&-1&1&-3&1\\0&0&0&0&0\\0&0&0&0&0\end{pmatrix}\longrightarrow\begin{pmatrix}1&0&2&1&-2\\0&1&-1&3&-1\\0&0&0&0&0\\0&0&0&0&0\end{pmatrix}$$

得同解方程组为

$$\begin{cases}x_1+2x_3+x_4-2x_5=0\\x_2-x_3+3x_4-x_5=0\end{cases},\quad\begin{cases}x_1=-2x_3-x_4+2x_5\\x_2=x_3-3x_4+x_5\end{cases}$$

令

$$\begin{pmatrix}x_3\\x_4\\x_5\end{pmatrix}=\begin{pmatrix}1\\0\\0\end{pmatrix},\begin{pmatrix}0\\1\\0\end{pmatrix},\begin{pmatrix}0\\0\\1\end{pmatrix}$$

得

$$\begin{pmatrix}x_1\\x_2\end{pmatrix}=\begin{pmatrix}-2\\1\end{pmatrix},\begin{pmatrix}-1\\-3\end{pmatrix},\begin{pmatrix}2\\1\end{pmatrix}$$

基础解系

$$\boldsymbol{\xi}_1=\begin{pmatrix}-2\\1\\1\\0\\0\end{pmatrix},\quad\boldsymbol{\xi}_2=\begin{pmatrix}-1\\-3\\0\\1\\0\end{pmatrix},\quad\boldsymbol{\xi}_3=\begin{pmatrix}2\\1\\0\\0\\1\end{pmatrix}$$

② 通解为

$$x=k_1\boldsymbol{\xi}_1+k_2\boldsymbol{\xi}_2+k_3\boldsymbol{\xi}_3\quad(k_1,k_2,k_3\in\mathbf{R})$$

例 4.26 $\begin{cases}x_1+3x_2-x_3-x_4=6\\3x_1-x_2+5x_3-3x_4=6\\3x_1+4x_2+x_3-3x_4=12\end{cases}$ ① 求该方程的特解；② 求其对应齐次方程组的基础解系；③ 求该方程的通解.

解 $\boldsymbol{B}=(\boldsymbol{A}\vdots\boldsymbol{b})=$

$$\begin{pmatrix}1&3&-1&-1&6\\3&-1&5&-3&6\\3&4&1&-3&12\end{pmatrix}\longrightarrow\begin{pmatrix}1&3&-1&-1&6\\0&-10&8&0&-12\\0&-5&4&0&-6\end{pmatrix}\longrightarrow$$

$$\begin{pmatrix}1&3&-1&-1&6\\0&-5&4&0&-6\\0&0&0&0&0\end{pmatrix}\xrightarrow{r_2\div(-5)}\begin{pmatrix}1&3&-1&-1&6\\0&1&-\frac{4}{5}&0&\frac{6}{5}\\0&0&0&0&0\end{pmatrix}\xrightarrow{r_1-3r_2}$$

$$\begin{pmatrix}1&0&\frac{7}{5}&-1&\frac{12}{5}\\0&1&-\frac{4}{5}&0&\frac{6}{5}\\0&0&0&0&0\end{pmatrix}$$

原方程的同解方程为

$$\begin{cases} x_1+\dfrac{7}{5}x_3-x_4=\dfrac{12}{5} \\ x_2-\dfrac{4}{5}x_3=\dfrac{6}{5} \end{cases}$$

$$\begin{cases} x_1=-\dfrac{7}{5}x_3+x_4+\dfrac{12}{5} \\ x_2=\dfrac{4}{5}x_3+\dfrac{6}{5} \end{cases}$$

令自由变量 $x_3=x_4=0$ 得 $x_1=\dfrac{12}{5},x_2=\dfrac{6}{5}$.

该方程组的特解为

$$\boldsymbol{\eta}^*=\begin{pmatrix} \dfrac{12}{5} \\ \dfrac{6}{5} \\ 0 \\ 0 \end{pmatrix}$$

② 原方程的对应齐次方程的同解方程为

$$\begin{cases} x_1=-\dfrac{7}{5}x_3+x_4 \\ x_2=\dfrac{4}{5}x_3 \end{cases}$$

$$\begin{pmatrix} x_3 \\ x_4 \end{pmatrix}=\begin{pmatrix} 1 \\ 0 \end{pmatrix},\begin{pmatrix} 0 \\ 1 \end{pmatrix}$$

得

$$\begin{pmatrix} x_1 \\ x_2 \end{pmatrix}=\begin{pmatrix} -\dfrac{7}{5} \\ \dfrac{4}{5} \end{pmatrix},\begin{pmatrix} 1 \\ 0 \end{pmatrix}$$

对应齐次方程组的基础解系为

$$\boldsymbol{\xi}_1=\begin{pmatrix} -\dfrac{7}{5} \\ \dfrac{4}{5} \\ 1 \\ 0 \end{pmatrix},\quad \boldsymbol{\xi}_2=\begin{pmatrix} 1 \\ 0 \\ 0 \\ 1 \end{pmatrix}$$

③ 方程组的通解为

$$\boldsymbol{x}=k_1\boldsymbol{\xi}_1+k_2\boldsymbol{\xi}_2+\boldsymbol{\eta}^* \quad (k_1,k_2\in\mathbf{R})$$

例 4.27 已知 4 阶方阵 $\boldsymbol{A}=(\boldsymbol{\alpha}_1,\boldsymbol{\alpha}_2,\boldsymbol{\alpha}_3,\boldsymbol{\alpha}_4)$，其中 $\boldsymbol{\alpha}_1,\boldsymbol{\alpha}_2,\boldsymbol{\alpha}_3,\boldsymbol{\alpha}_4$ 均为 4 维列向量，其中 $\boldsymbol{\alpha}_2,\boldsymbol{\alpha}_3,\boldsymbol{\alpha}_4$ 线性无关，$\boldsymbol{\alpha}_1=2\boldsymbol{\alpha}_2-\boldsymbol{\alpha}_3$，如果 $\boldsymbol{\beta}=\boldsymbol{\alpha}_1+\boldsymbol{\alpha}_2+\boldsymbol{\alpha}_3+\boldsymbol{\alpha}_4$，求线性方程组 $\boldsymbol{A}\boldsymbol{x}=\boldsymbol{\beta}$ 的通解.

解　令 $\boldsymbol{x}=(x_1,x_2,x_3,x_4)^{\mathrm{T}}$ 则由 $\boldsymbol{A}\boldsymbol{x}=\boldsymbol{\beta}$ 得

$$x_1\boldsymbol{\alpha}_1+x_2\boldsymbol{\alpha}_2+x_3\boldsymbol{\alpha}_3+x_4\boldsymbol{\alpha}_4=\boldsymbol{\alpha}_1+\boldsymbol{\alpha}_2+\boldsymbol{\alpha}_3+\boldsymbol{\alpha}_4$$

将 $\boldsymbol{\alpha}_1=2\boldsymbol{\alpha}_2-\boldsymbol{\alpha}_3$ 代入上式得

$$(2x_1+x_2-3)\boldsymbol{\alpha}_2+(-x_1+x_3)\boldsymbol{\alpha}_3+(x_4-1)\boldsymbol{\alpha}_4=\boldsymbol{0}$$

由 $\boldsymbol{\alpha}_2,\boldsymbol{\alpha}_3,\boldsymbol{\alpha}_4$ 线性无关知

$$\begin{cases}2x_1+x_2-3=0\\-x_1+x_3=0\\x_4-1=0\end{cases}$$

即

$$\begin{cases}2x_1+x_2=3\\-x_1+x_3=0\\x_4=1\end{cases}$$

解得方程组的通解为

$$\boldsymbol{x}=\begin{pmatrix}1\\-2\\1\\0\end{pmatrix}k+\begin{pmatrix}0\\3\\0\\1\end{pmatrix}\quad(k\in\mathbf{R})$$

例 4.28　设四元齐次线性方程组(1) $\begin{cases}x_1+x_2=0\\x_2-x_4=0\end{cases}$，又已知某齐次方程组(2)的基础解系为 $\boldsymbol{\xi}_1=(0\quad 1\quad 1\quad 0)^{\mathrm{T}}$，$\boldsymbol{\xi}_2=(-1\quad 2\quad 2\quad 1)^{\mathrm{T}}$，求(1)与(2)的公共解.

解　方程组(2)的通解为

$$\boldsymbol{x}=k_1\boldsymbol{\xi}_1+k_2\boldsymbol{\xi}_2=(-k_2,k_1+2k_2,k_1+2k_2,k_2)$$

即

$$x_1=-k_2,\quad x_2=k_1+2k_2,\quad x_3=k_1+2k_2,\quad x_4=k_2$$

代入(1)得

$$\begin{cases}k_1+k_2=0\\k_1+k_2=0\end{cases}$$

同解方程为 $k_1=-k_2$，通解为

$$\begin{cases}k_1=-t\\k_2=t\end{cases}\quad(t\in\mathbf{R})$$

故公共解为

$$-t\boldsymbol{\xi}_1+t\boldsymbol{\xi}_2=t(-1\quad 1\quad 1\quad 1)^{\mathrm{T}}\quad(t\in\mathbf{R})$$

例 4.29　已知 3 维向量空间的两组基

(1) $\boldsymbol{\alpha}_1=\begin{pmatrix}1\\1\\1\end{pmatrix}$，$\boldsymbol{\alpha}_2=\begin{pmatrix}1\\0\\-1\end{pmatrix}$，$\boldsymbol{\alpha}_3=\begin{pmatrix}1\\0\\1\end{pmatrix}$

(2) $\boldsymbol{\beta}_1=\begin{pmatrix}1\\2\\1\end{pmatrix},\boldsymbol{\beta}_2=\begin{pmatrix}2\\3\\4\end{pmatrix},\boldsymbol{\beta}_3=\begin{pmatrix}3\\4\\3\end{pmatrix}$

① 求由基(1)到基(2)的过渡矩阵；

② 求在两组基下坐标互为相反数的向量 $\boldsymbol{r}$.

解 取3维向量空间的基 $\boldsymbol{e}_1=\begin{pmatrix}1\\0\\0\end{pmatrix},\boldsymbol{e}_2=\begin{pmatrix}0\\1\\0\end{pmatrix},\boldsymbol{e}_3=\begin{pmatrix}0\\0\\1\end{pmatrix}$ 则

$$(\boldsymbol{\alpha}_1,\boldsymbol{\alpha}_2,\boldsymbol{\alpha}_3)=(\boldsymbol{e}_1,\boldsymbol{e}_2,\boldsymbol{e}_3)\boldsymbol{A},\quad (\boldsymbol{\beta}_1,\boldsymbol{\beta}_2,\boldsymbol{\beta}_3)=(\boldsymbol{e}_1,\boldsymbol{e}_2,\boldsymbol{e}_3)\boldsymbol{B}$$

其中

$$\boldsymbol{A}=\begin{pmatrix}1&1&1\\1&0&0\\1&-1&1\end{pmatrix},\quad \boldsymbol{B}=\begin{pmatrix}1&2&3\\2&3&4\\1&4&3\end{pmatrix}$$

可求得

$$\boldsymbol{A}^{-1}=\begin{pmatrix}0&1&0\\\frac{1}{2}&0&-\frac{1}{2}\\\frac{1}{2}&-1&\frac{1}{2}\end{pmatrix}$$

于是

$$(\boldsymbol{\beta}_1,\boldsymbol{\beta}_2,\boldsymbol{\beta}_3)=(\boldsymbol{\alpha}_1,\boldsymbol{\alpha}_2,\boldsymbol{\alpha}_3)\boldsymbol{A}^{-1}\boldsymbol{B}=(\boldsymbol{\alpha}_1,\boldsymbol{\alpha}_2,\boldsymbol{\alpha}_3)\begin{pmatrix}2&3&4\\0&-1&0\\-1&0&-1\end{pmatrix}$$

求由基(1)到基(2)的过渡矩阵

$$\boldsymbol{C}=\begin{pmatrix}2&3&4\\0&-1&0\\-1&0&-1\end{pmatrix}$$

② 设

$$\boldsymbol{r}=x_1\boldsymbol{\alpha}_1+x_2\boldsymbol{\alpha}_2+x_3\boldsymbol{\alpha}_3=-x_1\boldsymbol{\beta}_1-x_2\boldsymbol{\beta}_2-x_3\boldsymbol{\beta}_3$$

则

$$x_1(\boldsymbol{\alpha}_1+\boldsymbol{\beta}_1)+x_2(\boldsymbol{\alpha}_2+\boldsymbol{\beta}_2)+x_3(\boldsymbol{\alpha}_3+\boldsymbol{\beta}_3)=\boldsymbol{0}$$

即

$$\begin{cases}2x_1+3x_2+4x_3=0\\3x_1+3x_2+4x_4=0\\2x_1+3x_2+4x_3=0\end{cases}$$

而

$$\begin{pmatrix}2&3&4\\3&3&4\\2&3&4\end{pmatrix}\longrightarrow\begin{pmatrix}2&3&4\\1&0&0\\0&0&0\end{pmatrix}\longrightarrow\begin{pmatrix}1&0&0\\0&1&\frac{4}{3}\\0&0&0\end{pmatrix}$$

同解方程组为

$$\begin{cases}x_1=0\\x_2=-\dfrac{4}{3}x_3\end{cases}$$

通解为

$$\begin{cases}x_1=0\\x_2=-4t\\x_3=3t\end{cases}\quad(t\in\mathbf{R})$$

故

$$\boldsymbol{r}=0\boldsymbol{\alpha}_1-4\boldsymbol{\alpha}_2+3t\boldsymbol{\alpha}_3=t\begin{pmatrix}-1\\0\\7\end{pmatrix}\quad(t\in\mathbf{R})$$

例 4.30　在 $\mathbf{R}^4$ 中,已知

$$\boldsymbol{\xi}_1=\begin{pmatrix}1\\0\\0\\0\end{pmatrix},\quad\boldsymbol{\xi}_2=\begin{pmatrix}0\\1\\0\\0\end{pmatrix},\quad\boldsymbol{\xi}_3=\begin{pmatrix}0\\0\\1\\0\end{pmatrix},\quad\boldsymbol{\xi}_4=\begin{pmatrix}0\\0\\0\\1\end{pmatrix}$$

$$\boldsymbol{\eta}_1=\begin{pmatrix}2\\1\\-1\\1\end{pmatrix},\quad\boldsymbol{\eta}_2=\begin{pmatrix}0\\3\\1\\0\end{pmatrix},\quad\boldsymbol{\eta}_3=\begin{pmatrix}5\\3\\2\\1\end{pmatrix},\quad\boldsymbol{\eta}_4=\begin{pmatrix}6\\6\\1\\3\end{pmatrix}$$

求由基 $\boldsymbol{\xi}_1,\boldsymbol{\xi}_2,\boldsymbol{\xi}_3,\boldsymbol{\xi}_4$ 到基 $\boldsymbol{\eta}_1,\boldsymbol{\eta}_2,\boldsymbol{\eta}_3,\boldsymbol{\eta}_4$ 的过渡矩阵,已知 $\boldsymbol{\zeta}$ 基 $\boldsymbol{\xi}_1,\boldsymbol{\xi}_2,\boldsymbol{\xi}_3,\boldsymbol{\xi}_4$ 下的坐标为 $(x_1,x_2,x_3,x_4)^{\mathrm{T}}$,求向量 $\boldsymbol{\zeta}$ 在基 $\boldsymbol{\eta}_1,\boldsymbol{\eta}_2,\boldsymbol{\eta}_3,\boldsymbol{\eta}_4$ 下的坐标.

解　由

$$(\boldsymbol{\eta}_1,\boldsymbol{\eta}_2,\boldsymbol{\eta}_3,\boldsymbol{\eta}_4)=(\boldsymbol{\xi}_1,\boldsymbol{\xi}_2,\boldsymbol{\xi}_3,\boldsymbol{\xi}_4)\begin{pmatrix}2&0&5&6\\0&3&3&6\\-1&1&2&1\\1&0&1&3\end{pmatrix}=(\boldsymbol{\xi}_1,\boldsymbol{\xi}_2,\boldsymbol{\xi}_3,\boldsymbol{\xi}_4)\mathbf{A}$$

$\mathbf{A}$ 为基 $\boldsymbol{\xi}_1,\boldsymbol{\xi}_2,\boldsymbol{\xi}_3,\boldsymbol{\xi}_4$ 到基 $\boldsymbol{\eta}_1,\boldsymbol{\eta}_2,\boldsymbol{\eta}_3,\boldsymbol{\eta}_4$ 的过渡矩阵.

上述等式左乘 $\mathbf{A}^{-1}$ 得

$$(\boldsymbol{\xi}_1,\boldsymbol{\xi}_2,\boldsymbol{\xi}_3,\boldsymbol{\xi}_4)=(\boldsymbol{\eta}_1,\boldsymbol{\eta}_2,\boldsymbol{\eta}_3,\boldsymbol{\eta}_4)\mathbf{A}^{-1}$$

由于

$$\boldsymbol{\zeta}=(\boldsymbol{\xi}_1,\boldsymbol{\xi}_2,\boldsymbol{\xi}_3,\boldsymbol{\xi}_4)\begin{pmatrix}x_1\\x_2\\x_3\\x_4\end{pmatrix}=(\boldsymbol{\eta}_1,\boldsymbol{\eta}_2,\boldsymbol{\eta}_3,\boldsymbol{\eta}_4)\boldsymbol{A}^{-1}\begin{pmatrix}x_1\\x_2\\x_3\\x_4\end{pmatrix}$$

故向量 $\boldsymbol{\zeta}$ 在基 $\boldsymbol{\eta}_1,\boldsymbol{\eta}_2,\boldsymbol{\eta}_3,\boldsymbol{\eta}_4$ 下的坐标为 $\boldsymbol{A}^{-1}\begin{pmatrix}x_1\\x_2\\x_3\\x_4\end{pmatrix}$，其中

$$\boldsymbol{A}^{-1}=\begin{pmatrix}\frac{4}{9} & \frac{1}{3} & -1 & -\frac{11}{9}\\ \frac{1}{27} & \frac{4}{9} & -\frac{1}{3} & -\frac{23}{27}\\ -\frac{1}{3} & 0 & 0 & -\frac{2}{3}\\ -\frac{7}{27} & -\frac{1}{9} & \frac{1}{3} & \frac{26}{27}\end{pmatrix}$$

单元测试题 A

一、填空题

1. 若 $\boldsymbol{x}=\boldsymbol{\xi}_1,\boldsymbol{x}=\boldsymbol{\xi}_2$ 是 5 元齐次线性方程组 $\boldsymbol{Ax}=\boldsymbol{0}$ 的基础解系，则该方程组系数矩阵 $\boldsymbol{A}$ 的秩 $r(\boldsymbol{A})=$________.

2. 设 n 元齐次线性方程组 $\boldsymbol{Ax}=\boldsymbol{0}$ 的系数矩阵 $\boldsymbol{A}$ 的秩 $r(\boldsymbol{A})=1$，则该方程组的基础解系中有________个线性无关的非零向量.

3. 若 $\boldsymbol{x}=\boldsymbol{\xi}_1,\boldsymbol{x}=\boldsymbol{\xi}_2$ 是齐次线性方程组 $\boldsymbol{Ax}=\boldsymbol{0}$ 的基础解系，则该方程组的通解为 $\boldsymbol{x}=$________.

4. 若 $\boldsymbol{x}=\boldsymbol{\eta}^*$ 为 $\boldsymbol{Ax}=\boldsymbol{b}$ 的特解；$\boldsymbol{\xi}_1,\boldsymbol{\xi}_2,\cdots,\boldsymbol{\xi}_{n-r}$ 对应齐次方程 $\boldsymbol{Ax}=\boldsymbol{0}$ 的基础解系，则 $\boldsymbol{Ax}=\boldsymbol{b}$ 的通解为________.

5. 若 $\boldsymbol{x}=\boldsymbol{\eta}$ 为 $\boldsymbol{Ax}=\boldsymbol{b}$ 的解；$\boldsymbol{x}=\boldsymbol{\xi}$ 为对应齐次方程 $\boldsymbol{Ax}=\boldsymbol{0}$ 的解，则 $\boldsymbol{x}=\boldsymbol{\eta}+\boldsymbol{\xi}$ 是________的解.

6. 若 $\boldsymbol{x}=\boldsymbol{\xi}_1,\boldsymbol{x}=\boldsymbol{\xi}_2$ 为 $\boldsymbol{Ax}=\boldsymbol{0}$ 的解，则 $\boldsymbol{x}=\boldsymbol{\xi}_1+\boldsymbol{\xi}_2$ 也是________的解.

7. 已知 3 个向量组 $\boldsymbol{\alpha}_1,\boldsymbol{\alpha}_3$；$\boldsymbol{\alpha}_1,\boldsymbol{\alpha}_3,\boldsymbol{\alpha}_4$；$\boldsymbol{\alpha}_2,\boldsymbol{\alpha}_3$ 都线性无关，而 $\boldsymbol{\alpha}_1,\boldsymbol{\alpha}_2,\boldsymbol{\alpha}_3,\boldsymbol{\alpha}_4$ 线性相关，则向量组 $\boldsymbol{\alpha}_1,\boldsymbol{\alpha}_2,\boldsymbol{\alpha}_3,\boldsymbol{\alpha}_4$ 的极大无关组是________.

8. 设向量组 $\boldsymbol{\alpha}_1,\boldsymbol{\alpha}_2,\boldsymbol{\alpha}_3$ 线性无关，若 $l\boldsymbol{\alpha}_2-\boldsymbol{\alpha}_1,m\boldsymbol{\alpha}_3-\boldsymbol{\alpha}_2,\boldsymbol{\alpha}_1-\boldsymbol{\alpha}_3$ 线性无关，则 l,m 的关系是________.

9. 向量 $\boldsymbol{\alpha}$ 线性无关的充分必要条件是________.

10. 设向量组 $\boldsymbol{\alpha}_1,\boldsymbol{\alpha}_2,\boldsymbol{\alpha}_3$ 线性无关，则 $\boldsymbol{\alpha}_1+\boldsymbol{\alpha}_2,\boldsymbol{\alpha}_2+\boldsymbol{\alpha}_3,\boldsymbol{\alpha}_1+\boldsymbol{\alpha}_3$ 线性________.

11. 设 n 阶矩阵 $\boldsymbol{A}$ 的各行元素之和为零，且 $\boldsymbol{A}$ 的秩为 $n-1$，则线性方程组 $\boldsymbol{Ax}=\boldsymbol{0}$ 的通解为________.

二、选择题

12. n 维向量 $\boldsymbol{\alpha}_1,\boldsymbol{\alpha}_2,\boldsymbol{\alpha}_3$ 线性无关的充分必要条件是(　　).

A. 存在一组不全为零的数 k_1,k_2,k_3,使 $k_1\boldsymbol{\alpha}_1+k_2\boldsymbol{\alpha}_2+k_3\boldsymbol{\alpha}_3\neq\mathbf{0}$

B. $\boldsymbol{\alpha}_1,\boldsymbol{\alpha}_2,\boldsymbol{\alpha}_3$ 中任意两个向量线性无关

C. $\boldsymbol{\alpha}_1,\boldsymbol{\alpha}_2,\boldsymbol{\alpha}_3$ 中存在一个向量不能由其余向量线性表示

D. $\boldsymbol{\alpha}_1,\boldsymbol{\alpha}_2,\boldsymbol{\alpha}_3$ 中任何一个向量都不能由其余向量线性表示

13. 设 $\boldsymbol{A}$ 是 n 阶矩阵,若 $|\boldsymbol{A}_n|=0$,则(　　)成立.

A. $\boldsymbol{A}$ 的任何列向量是其余列向量的线性组合

B. $\boldsymbol{A}$ 必有一列向量是其余列向量的线性组合

C. $\boldsymbol{A}$ 必有两列元素对应成正比例

D. $\boldsymbol{A}$ 必有一列元素全为零

14. 若向量组 $\boldsymbol{\alpha},\boldsymbol{\beta},\boldsymbol{\gamma}$ 线性无关,$\boldsymbol{\alpha},\boldsymbol{\beta},\boldsymbol{\delta}$ 线性相关,则(　　)

A. $\boldsymbol{\alpha}$ 必可由 $\boldsymbol{\beta},\boldsymbol{\gamma},\boldsymbol{\delta}$ 线性表示　　B. $\boldsymbol{\beta}$ 必可由 $\boldsymbol{\alpha},\boldsymbol{\gamma},\boldsymbol{\delta}$ 线性表示

C. $\boldsymbol{\delta}$ 必可由 $\boldsymbol{\alpha},\boldsymbol{\beta},\boldsymbol{\gamma}$ 线性表示　　D. $\boldsymbol{\delta}$ 必不可由 $\boldsymbol{\alpha},\boldsymbol{\beta},\boldsymbol{\gamma}$ 线性表示

15. 设矩阵 $\boldsymbol{A}_{m\times n}$ 的秩 $r(\boldsymbol{A})=m<n$,$\boldsymbol{E}_m$ 为 m 阶单位矩阵,下述结论正确的是(　　)

A. $\boldsymbol{A}$ 的任意 m 个列向量必线性无关

B. $\boldsymbol{A}$ 的任一 m 阶子式不等于 0

C. 非齐次线性方程组 $\boldsymbol{Ax}=\boldsymbol{b}$ 一定有无穷多解

D. $\boldsymbol{A}$ 通过初等行变换可化为 $(\boldsymbol{E},\boldsymbol{O})$

16. 设线性方程组 $\boldsymbol{Ax}=\boldsymbol{b}$ 有两个线性无关的解 $\boldsymbol{\xi}_1,\boldsymbol{\xi}_2$,那么(　　)可以是 $\boldsymbol{Ax}=\mathbf{0}$ 的基础解系中的一个向量.

A. $\boldsymbol{\xi}_1+\boldsymbol{\xi}_2$　　B. $\boldsymbol{\xi}_2$　　C. $\boldsymbol{\xi}_1$　　D. $\boldsymbol{\xi}_1-\boldsymbol{\xi}_2$

17. 设线性方程组 $\boldsymbol{Ax}=\boldsymbol{b}$ 有两个线性无关的解 $\boldsymbol{\xi}_1=(1\quad 1\quad 1)^{\mathrm{T}}$, $\boldsymbol{\xi}_2=(0\quad 1\quad 1)^{\mathrm{T}}$,那么(　　)可以成为 $\boldsymbol{Ax}=\mathbf{0}$ 的基础解系中的一个解向量.

A. $\boldsymbol{\xi}=(1\quad 1\quad 1)^{\mathrm{T}}$　　B. $\boldsymbol{\xi}=(0\quad 1\quad 1)^{\mathrm{T}}$

C. $\boldsymbol{\xi}=(1\quad 2\quad 2)^{\mathrm{T}}$　　D. $\boldsymbol{\xi}=(1\quad 0\quad 0)^{\mathrm{T}}$

三、计算题

18. 设向量组 $\boldsymbol{A}$: $\boldsymbol{a}_1=\begin{pmatrix}1\\-1\\2\\4\end{pmatrix}$, $\boldsymbol{a}_2=\begin{pmatrix}0\\3\\1\\2\end{pmatrix}$, $\boldsymbol{a}_3=\begin{pmatrix}3\\0\\7\\14\end{pmatrix}$, $\boldsymbol{a}_4=\begin{pmatrix}1\\-1\\2\\0\end{pmatrix}$, $\boldsymbol{a}_5=\begin{pmatrix}2\\1\\5\\6\end{pmatrix}$

① 判断 $\boldsymbol{A}$: $\boldsymbol{a}_1,\boldsymbol{a}_2,\boldsymbol{a}_3,\boldsymbol{a}_4,\boldsymbol{a}_5$ 是否线性相关;

② 判断 $\boldsymbol{a}_4,\boldsymbol{a}_5$ 是否线性相关;

③ 求向量组 $\boldsymbol{A}$: $\boldsymbol{a}_1,\boldsymbol{a}_2,\boldsymbol{a}_3,\boldsymbol{a}_4,\boldsymbol{a}_5$ 的秩及一个极大无关组,并把不属于极大无关组的向量用极大无关组表示.

19. $\begin{cases}x_1-x_2-x_3+x_4=0\\x_1-x_2+x_3-3x_4=0\\x_1-x_2-2x_3+3x_4=0\end{cases}$,求该齐次方程的基础解系和通解.

20. 设 $\boldsymbol{\alpha}_1=\begin{pmatrix}a_1\\a_2\\a_3\end{pmatrix}$，$\boldsymbol{\alpha}_2=\begin{pmatrix}b_1\\b_2\\b_3\end{pmatrix}$，$\boldsymbol{\alpha}_3=\begin{pmatrix}c_1\\c_2\\c_3\end{pmatrix}$ 且三条直线

$$\begin{cases}a_1x+b_1y+c_1=0\\a_2x+b_2y+c_2=0\\a_3x+b_3y+c_3=0\end{cases}(a_i^2+b_i^2\neq 0,i=1,2,3)$$

交于一点，

① 判断 $\boldsymbol{\alpha}_1,\boldsymbol{\alpha}_2,\boldsymbol{\alpha}_3$ 是否线性相关.

② 判断 $\boldsymbol{\alpha}_1,\boldsymbol{\alpha}_2$ 是否线性相关.

21. $\begin{cases}2x_1+x_2-x_3+x_4=1\\4x_1+2x_2-2x_3+x_4=2\\2x_1+x_2-x_3-x_4=1\end{cases}$，① 求该方程的特解；② 求其对应齐次方程组的基础解系；③ 求该方程的通解.

四、证明题

22. 设 $\boldsymbol{\eta}_0,\boldsymbol{\eta}_1,\cdots,\boldsymbol{\eta}_{n-r}$ 是 $\mathbf{A}\mathbf{x}=\mathbf{b}(\mathbf{b}\neq\mathbf{0})$ 的 $n-r+1$ 个线性无关的解向量，$r(\mathbf{A})=r$，证明：$\boldsymbol{\eta}_1-\boldsymbol{\eta}_0,\boldsymbol{\eta}_2-\boldsymbol{\eta}_0,\cdots,\boldsymbol{\eta}_{n-r}-\boldsymbol{\eta}_0$ 是 $\mathbf{A}\mathbf{x}=\mathbf{0}$ 的基础解系.

23. 已知 $\boldsymbol{a}_1,\boldsymbol{a}_2,\boldsymbol{a}_3,\boldsymbol{a}_4$ 线性无关，$\boldsymbol{b}_1=\boldsymbol{a}_1+\boldsymbol{a}_2+\boldsymbol{a}_3+\boldsymbol{a}_4$，$\boldsymbol{b}_2=\boldsymbol{a}_1+\boldsymbol{a}_2+\boldsymbol{a}_3$，$\boldsymbol{b}_3=\boldsymbol{a}_1+\boldsymbol{a}_2$，$\boldsymbol{b}_4=\boldsymbol{a}_1$，证明：$\boldsymbol{b}_1,\boldsymbol{b}_2,\boldsymbol{b}_3,\boldsymbol{b}_4$ 线性无关.

单元测试题 B

一、填空题

1. 设 $\mathbf{A}$ 是 n 阶方阵，任何 n 维列向量都是方程组

$$\begin{cases}a_{11}x_1+a_{12}x_2+\cdots+a_{1n}x_n=0\\a_{21}x_1+a_{22}x_2+\cdots+a_{2n}x_n=0\\\qquad\vdots\\a_{n1}x_1+a_{n2}x_2+\cdots+a_{nn}x_n=0\end{cases}$$

的解向量，则 $r(\mathbf{A})=$________.

2. 线性方程组 $\begin{cases}a_{11}x_1+a_{12}x_2+\cdots+a_{1n}x_n=b_1\\a_{21}x_1+a_{22}x_2+\cdots+a_{2n}x_n=b_2\\\qquad\vdots\\a_{n1}x_1+a_{n2}x_2+\cdots+a_{nn}x_n=b_n\end{cases}$ 对任意常数 $b_1,b_2,b_3,\cdots,b_n$ 都是有解的充分必要条件是 $r(\mathbf{A})=$________.

3. 已知3维向量空间的一个基为 $\boldsymbol{\alpha}_1=\begin{pmatrix}1\\1\\0\end{pmatrix}$，$\boldsymbol{\alpha}_2=\begin{pmatrix}1\\0\\1\end{pmatrix}$，$\boldsymbol{\alpha}_3=\begin{pmatrix}0\\1\\1\end{pmatrix}$，则向量 $\boldsymbol{\beta}=(2\quad 0\quad 0)^{\mathrm{T}}$ 在这组基下的坐标为________.

4. $\boldsymbol{A},\boldsymbol{B}$ 都是 n 阶矩阵，且 $\boldsymbol{A}\neq\boldsymbol{0},\boldsymbol{AB}=\boldsymbol{0}$，则 $|\boldsymbol{B}|=$________.

5. 若 $\boldsymbol{A}$ 是 n 阶矩阵，该矩阵的 n 个列向量是线性相关的，则 $r(\boldsymbol{A})$ 与 n 的大小关系是________.

二、判断题

6. 若 $\boldsymbol{x}=\boldsymbol{\xi}_1,\boldsymbol{x}=\boldsymbol{\xi}_2$ 为 $\boldsymbol{Ax}=\boldsymbol{0}$ 的解，则 $\boldsymbol{x}=\boldsymbol{\xi}_1+\boldsymbol{\xi}_2$ 也是 $\boldsymbol{Ax}=\boldsymbol{0}$ 的解.(　　)

7. 若 $r(\boldsymbol{A}_n)=n$，则矩阵 $\boldsymbol{A}$ 的行向量与列向量都是线性无关的.(　　)

8. 若 $|\boldsymbol{A}_n|=\boldsymbol{0}$，则矩阵 $\boldsymbol{A}_n$ 的行向量与列向量都是线性无关的.(　　)

9. 若向量 $\boldsymbol{a}_1,\boldsymbol{a}_2$ 线性无关，$\boldsymbol{a}_1,\boldsymbol{a}_2,\boldsymbol{b}$ 线性相关，则 $\boldsymbol{b}$ 可以由 $\boldsymbol{a}_1,\boldsymbol{a}_2$ 线性表示.(　　)

10. n 元线性方程组 $\boldsymbol{Ax}=\boldsymbol{b}$ 有唯一解的充要条件是 $r(\boldsymbol{A})=n$.(　　)

11. n 元齐线性方程组 $\boldsymbol{Ax}=\boldsymbol{0}$ 有唯一零解的充要条件是 $r(\boldsymbol{A})=n$.(　　)

12. n 元齐线性方程组 $\boldsymbol{A}_n\boldsymbol{x}=\boldsymbol{0}$ 有唯一解的充要条件是 $|\boldsymbol{A}_n|\neq 0$.(　　)

13. 若 n 元线性方程组 $\boldsymbol{Ax}=\boldsymbol{b}$ 有无穷多解，则 n 元齐次线性方程组 $\boldsymbol{Ax}=\boldsymbol{0}$ 有无穷多解.(　　)

三、选择题

14. 设向量组 $\boldsymbol{\alpha}_1,\boldsymbol{\alpha}_2,\cdots,\boldsymbol{\alpha}_s$ 的秩为 r，则(　　)

A. 必定 $r<s$

B. 向量组任意个数小于 r 的部分组线性无关

C. 向量组中任意 $r+1$ 个向量线性无关

D. 若 $r<s$，则向量组中任意 $r+1$ 个向量线性相关

15. 向量组 $\boldsymbol{\alpha}_1,\boldsymbol{\alpha}_2,\cdots,\boldsymbol{\alpha}_s$ 线性相关的充分必要条件是(　　)

A. $\boldsymbol{\alpha}_1,\boldsymbol{\alpha}_2,\cdots,\boldsymbol{\alpha}_s$ 均为零向量

B. 其中有一个部分组线性相关

C. $\boldsymbol{\alpha}_1,\boldsymbol{\alpha}_2,\cdots,\boldsymbol{\alpha}_s$ 中任意一个向量都能由其余向量线性表示

D. 其中至少有一个向量可以表示为其余向量的线性组合

16. 设 $\boldsymbol{A}$ 为 4×5 矩阵，且 $\boldsymbol{A}$ 的行向量线性无关，则(　　)

A. $\boldsymbol{A}$ 的列向量线性无关

B. 方程组 $\boldsymbol{Ax}=\boldsymbol{b}$ 有无穷解

C. 方程组 $\boldsymbol{Ax}=\boldsymbol{b}$ 的增广矩阵 $\boldsymbol{B}$ 的任意 4 个列向量构成的向量组线性无关

D. $\boldsymbol{A}$ 的任意 4 个列向量构成的向量组线性无关

17. 设 $\boldsymbol{A}$ 为 $m\times n$ 矩阵，则 $m<n$ 是齐次方程组 $\boldsymbol{A}^{\mathrm{T}}\boldsymbol{Ax}=\boldsymbol{0}$ 有非零解的(　　)

A. 必要条件　　B. 充分条件　　C. 充分必要条件　　D. 以上都不是

四、计算题

18. λ 取何值时线性方程组 $\begin{cases}(2\lambda+1)x_1-\lambda x_2+(\lambda+1)x_3=\lambda-1\\(\lambda-2)x_1+(\lambda-1)x_2+(\lambda-2)x_3=\lambda\\(2\lambda-1)x_1+(\lambda-1)x_2+(2\lambda-1)x_3=\lambda\end{cases}$ 有唯一解，无解，有无穷多解，在无穷多解时求出通解.

19. $\begin{cases} 2x_1+3x_2+x_3=4 \\ x_1-2x_2+4x_3=-5 \\ 3x_1+8x_2-2x_3=13 \\ 4x_1-x_2+9x_3=-6 \end{cases}$，① 求该方程的特解；② 求其对应齐次方程组的基础解系；③ 求该方程的通解.

20. 求通过点 $M_1(0,0)$，$M_2(1,0)$，$M_3(2,1)$，$M_4(1,1)$，$M_5(1,4)$ 的二次曲线方程.

五、证明题

21. 已知线性方程组 $\begin{cases} x_1+a_1x_2+a_1^2x_3=a_1^3 \\ x_1+a_2x_2+a_2^2x_3=a_2^3 \\ x_1+a_3x_2+a_3^2x_3=a_3^3 \\ x_1+a_4x_2+a_4^2x_3=a_4^3 \end{cases}$，(1) 如果 a_1,a_2,a_3,a_4 互不相等，证明：方程组无解；(2) 如果 $a_1=a_3=k$，$a_2=a_4=-k$，则方程组有解，并求其通解.

22. 设向量组 $\boldsymbol{\alpha}_1,\boldsymbol{\alpha}_2,\cdots,\boldsymbol{\alpha}_s$ 线性无关，证明：向量组 $\boldsymbol{\beta}_1,\boldsymbol{\beta}_2,\cdots,\boldsymbol{\beta}_{s-1}$ 线性无关，其中 $\boldsymbol{\beta}_1=\boldsymbol{\alpha}_1+\lambda_1\boldsymbol{\alpha}_s$，$\boldsymbol{\beta}_2=\boldsymbol{\alpha}_2+\lambda_2\boldsymbol{\alpha}_s$，$\cdots$，$\boldsymbol{\beta}_{s-1}=\boldsymbol{\alpha}_{s-1}+\lambda_{s-1}\boldsymbol{\alpha}_s$.

单元测试题 C

1. 试将 $\boldsymbol{\beta}$ 表示成 $\boldsymbol{\alpha}_1,\boldsymbol{\alpha}_2,\boldsymbol{\alpha}_3,\boldsymbol{\alpha}_4$ 的线性组合.

(1) $\boldsymbol{\beta}=(0,0,0,1)$，$\boldsymbol{\alpha}_1=(1,1,0,1)$，$\boldsymbol{\alpha}_2=(2,1,3,1)$，$\boldsymbol{\alpha}_3=(1,1,0,0)$，$\boldsymbol{\alpha}_4=(0,1,-1,-1)$.

(2) $\boldsymbol{\beta}=(1,2,1,1)$，$\boldsymbol{\alpha}_1=(1,1,1,1)$，$\boldsymbol{\alpha}_2=(1,1,-1,-1)$，$\boldsymbol{\alpha}_3=(1,-1,1,-1)$，$\boldsymbol{\alpha}_4=(1,-1,-1,1)$.

2. 判断下列向量组是否线性相关，若是，求出其极大无关组，并且将剩余向量用极大无关组线性表示.

(1) $\boldsymbol{\alpha}_1=(1,-1,2,4)$，$\boldsymbol{\alpha}_2=(0,3,1,2)$，$\boldsymbol{\alpha}_3=(3,0,7,4)$，$\boldsymbol{\alpha}_4=(1,-1,2,0)$，$\boldsymbol{\alpha}_5=(2,1,5,6)$.

(2) $\boldsymbol{\alpha}_1=(1,4,11,-2)$，$\boldsymbol{\alpha}_2=(3,-6,3,8)$，$\boldsymbol{\alpha}_3=(2,-1,7,3)$.

(3) $\boldsymbol{\alpha}_1=(1,0,0,0)$，$\boldsymbol{\alpha}_2=(1,1,0,0)$，$\boldsymbol{\alpha}_3=(1,1,1,0)$，$\boldsymbol{\alpha}_4=(1,1,1,1)$.

3. (1) $\boldsymbol{\alpha}_1=(\lambda+1,4,6)$，$\boldsymbol{\alpha}_2=(1,0,\lambda)$，$\boldsymbol{\alpha}_3=(2,2,\lambda)$，问 λ 为何值时，$\boldsymbol{\alpha}_1,\boldsymbol{\alpha}_2,\boldsymbol{\alpha}_3$ 线性相关？并将 $\boldsymbol{\alpha}_1$ 用 $\boldsymbol{\alpha}_2,\boldsymbol{\alpha}_3$ 线性表示.

(2) 已知 $\boldsymbol{\alpha}_1=(1,0,2,3)$，$\boldsymbol{\alpha}_2=(1,1,3,5)$，$\boldsymbol{\alpha}_3=(1,-1,a+2,1)$，$\boldsymbol{\alpha}_4=(1,2,4,a=8)$，$\boldsymbol{\beta}=(1,1,b+3,5)$，问 a,b 为何值时，$\boldsymbol{\beta}$ 不能表示成 $\boldsymbol{\alpha}_1,\boldsymbol{\alpha}_2,\boldsymbol{\alpha}_3,\boldsymbol{\alpha}_4$ 的线性组合？

4. 若 $\boldsymbol{\alpha}_1,\boldsymbol{\alpha}_2,\boldsymbol{\alpha}_3$ 线性相关，而 $\boldsymbol{\alpha}_2,\boldsymbol{\alpha}_3,\boldsymbol{\alpha}_4$ 线性无关，试证 $\boldsymbol{\alpha}_4$ 不能表示成 $\boldsymbol{\alpha}_1,\boldsymbol{\alpha}_2,\boldsymbol{\alpha}_3$ 的线性组合.

5. 证明：若 $\boldsymbol{\alpha}_1,\boldsymbol{\alpha}_2,\boldsymbol{\alpha}_3$ 线性无关，$\boldsymbol{\alpha}_1,\boldsymbol{\alpha}_2,\boldsymbol{\alpha}_4$ 线性相关，则 $\boldsymbol{\alpha}_4$ 可以由 $\boldsymbol{\alpha}_1,\boldsymbol{\alpha}_2,\boldsymbol{\alpha}_3$ 线性表示.

单元测试题A答案

一、填空题

1.3　2.$n-1$　3.$\boldsymbol{x}=k_1\boldsymbol{\xi}_1+k_2\boldsymbol{\xi}_2,k_1,k_2\in\mathbf{R}$　4.$\boldsymbol{x}=k_1\boldsymbol{\xi}_1+k_2\boldsymbol{\xi}_2+\cdots+k_{n-r}\boldsymbol{\xi}_{n-r}+\boldsymbol{\eta}^*$，$k_1,k_2,\cdots,k_{n-r}\in\mathbf{R}$　5.$\boldsymbol{Ax}=\boldsymbol{b}$　6.$\boldsymbol{Ax}=\boldsymbol{0}$　7.$\boldsymbol{\alpha}_1,\boldsymbol{\alpha}_3,\boldsymbol{\alpha}_4$　8.$lm\neq 1$　9.$\boldsymbol{\alpha}\neq\boldsymbol{0}$　10.无关

11.$\boldsymbol{x}=k(1,1,\cdots,1)^{\mathrm{T}}$

二、选择题

12.D　13.B　14.C　15.C　16.D　17.D

三、计算题

18.①$(\boldsymbol{a}_1,\boldsymbol{a}_2,\boldsymbol{a}_3,\boldsymbol{a}_4,\boldsymbol{a}_5)=\begin{pmatrix}1&0&3&1&2\\-1&3&0&-1&1\\2&1&7&2&5\\4&2&14&0&6\end{pmatrix}\to\begin{pmatrix}1&0&3&1&2\\0&1&1&0&1\\0&0&0&-4&-4\\0&0&0&0&0\end{pmatrix}$

$r(\boldsymbol{a}_1,\boldsymbol{a}_2,\boldsymbol{a}_3,\boldsymbol{a}_4,\boldsymbol{a}_5)=3<5$，$\mathbf{A}:\boldsymbol{a}_1,\boldsymbol{a}_2,\boldsymbol{a}_3,\boldsymbol{a}_4,\boldsymbol{a}_5$ 线性相关

② 由于$(\boldsymbol{a}_4,\boldsymbol{a}_5)\xrightarrow{r}\begin{pmatrix}1&2\\0&1\\-4&-4\\0&0\end{pmatrix}\to\begin{pmatrix}1&2\\0&1\\0&0\\0&0\end{pmatrix}$

则 $r(\boldsymbol{a}_4,,\boldsymbol{a}_5)=2=2$，$\boldsymbol{a}_4,\boldsymbol{a}_5$ 线性无关.

③$(\boldsymbol{a}_1,\boldsymbol{a}_2,\boldsymbol{a}_3,\boldsymbol{a}_4,\boldsymbol{a}_5)\xrightarrow{r}\begin{pmatrix}1&0&3&0&1\\0&1&1&0&1\\0&0&0&1&1\\0&0&0&0&0\end{pmatrix}$，$r(\mathbf{A})=3$，则 $\boldsymbol{a}_1,\boldsymbol{a}_2,\boldsymbol{a}_4$ 是向量组 $\mathbf{A}:\boldsymbol{a}_1,\boldsymbol{a}_2,\boldsymbol{a}_3,\boldsymbol{a}_4,\boldsymbol{a}_5$ 的极大无关组.

$\boldsymbol{a}_3=3\boldsymbol{a}_1+\boldsymbol{a}_2$，$\boldsymbol{a}_5=\boldsymbol{a}_1+\boldsymbol{a}_2+\boldsymbol{a}_4$.

19.$\begin{pmatrix}1&-1&-1&1\\1&-1&1&-3\\1&-1&-2&3\end{pmatrix}\to\begin{pmatrix}1&-1&0&-1\\0&0&1&-2\\0&0&0&0\end{pmatrix}$

则该方程组的同解方程组为$\begin{cases}x_1-x_2-x_4=0\\x_3-2x_4=0\end{cases}$，$\begin{cases}x_1=x_2+x_4\\x_3=2x_4\end{cases}$

设$\begin{pmatrix}x_2\\x_4\end{pmatrix}=\begin{pmatrix}1\\0\end{pmatrix},\begin{pmatrix}0\\1\end{pmatrix}$，得$\begin{pmatrix}x_1\\x_3\end{pmatrix}=\begin{pmatrix}1\\0\end{pmatrix}\begin{pmatrix}1\\2\end{pmatrix}$

基础解系为 $\boldsymbol{\xi}_1=\begin{pmatrix}1\\1\\0\\0\end{pmatrix}$，$\boldsymbol{\xi}_2=\begin{pmatrix}1\\0\\2\\1\end{pmatrix}$，通解为 $\boldsymbol{x}=k_1\boldsymbol{\xi}_1+k_2\boldsymbol{\xi}_2\,(k_1,k_2\in\mathbf{R})$

20.①$\boldsymbol{\alpha}_1,\boldsymbol{\alpha}_2,\boldsymbol{\alpha}_3$ 线性相关；②$\boldsymbol{\alpha}_1,\boldsymbol{\alpha}_2$ 线性无关.

21. ① $\boldsymbol{B}=(\boldsymbol{A},\boldsymbol{b})=\begin{pmatrix}2&1&-1&1&1\\4&2&-2&1&2\\2&1&-1&-1&1\end{pmatrix}\longrightarrow\begin{pmatrix}2&1&-1&1&1\\0&0&0&-1&0\\0&0&0&-2&0\end{pmatrix}$

$\xrightarrow{r_3-2r_2}\begin{pmatrix}2&1&-1&1&1\\0&0&0&-1&0\\0&0&0&0&0\end{pmatrix}$ ($r(\mathbf{A})=r(\mathbf{B})=2<4$,无穷解) $\xrightarrow{r_1+r_2}$

$\begin{pmatrix}2&1&-1&0&1\\0&0&0&-1&0\\0&0&0&0&0\end{pmatrix}\longrightarrow\begin{pmatrix}1&\frac{1}{2}&-\frac{1}{2}&0&\frac{1}{2}\\0&0&0&1&0\\0&0&0&0&0\end{pmatrix}$

$\begin{cases}x_1+\frac{1}{2}x_2-\frac{1}{2}x_3=\frac{1}{2}\\x_4=0\end{cases},\begin{cases}x_1=-\frac{1}{2}x_2+\frac{1}{2}x_3+\frac{1}{2}\\x_4=0\end{cases},$

令 $x_2=x_3=0$ 得 $x_1=\frac{1}{2},x_4=0$

特解 $\boldsymbol{\eta}^*=\begin{pmatrix}\frac{1}{2}\\0\\0\\0\end{pmatrix}$

② 其对应齐次方程组的同解方程组为$\begin{cases}x_1=-\frac{1}{2}x_2+\frac{1}{2}x_3\\x_4=0\end{cases}$

设$\begin{pmatrix}x_2\\x_3\end{pmatrix}=\begin{pmatrix}1\\0\end{pmatrix},\begin{pmatrix}0\\1\end{pmatrix}$,得$\begin{pmatrix}x_1\\x_4\end{pmatrix}=\begin{pmatrix}-\frac{1}{2}\\0\end{pmatrix},\begin{pmatrix}\frac{1}{2}\\0\end{pmatrix}$

对应齐次方程组的基础解系为 $\boldsymbol{\xi}_1=\begin{pmatrix}-\frac{1}{2}\\1\\0\\0\end{pmatrix},\boldsymbol{\xi}_2=\begin{pmatrix}\frac{1}{2}\\0\\1\\0\end{pmatrix}$

③ 该方程的通解为 $\boldsymbol{x}=c_1\boldsymbol{\xi}_1+c_2\boldsymbol{\xi}_2+\boldsymbol{\eta}^*\ (c_1,c_2\in\mathbf{R})$.

四、证明题

22. 由于 $\mathbf{A}(\boldsymbol{\eta}_i-\boldsymbol{\eta}_0)=\mathbf{0}(i=1,2,\cdots,n-r)$,则

$$\boldsymbol{\eta}_1-\boldsymbol{\eta}_0,\boldsymbol{\eta}_2-\boldsymbol{\eta}_0,\cdots,\boldsymbol{\eta}_{n-r}-\boldsymbol{\eta}_0$$

是 $\mathbf{A}\boldsymbol{x}=\mathbf{0}$ 的解,再设

$$k_1(\boldsymbol{\eta}_1-\boldsymbol{\eta}_0)+k_2(\boldsymbol{\eta}_2-\boldsymbol{\eta}_0)+\cdots+k_{n-r}(\boldsymbol{\eta}_{n-r}-\boldsymbol{\eta}_0)=\mathbf{0}$$

得

$$k_1=k_2=\cdots=k_{n-r}=\mathbf{0}$$

则

$$\boldsymbol{\eta}_1-\boldsymbol{\eta}_0,\boldsymbol{\eta}_2-\boldsymbol{\eta}_0,\cdots,\boldsymbol{\eta}_{n-r}-\boldsymbol{\eta}_0$$

线性无关,得证:$\boldsymbol{\eta}_1-\boldsymbol{\eta}_0,\boldsymbol{\eta}_2-\boldsymbol{\eta}_0,\cdots,\boldsymbol{\eta}_{n-r}-\boldsymbol{\eta}_0$ 是 $\boldsymbol{A}\boldsymbol{x}=\boldsymbol{0}$ 的基础解系.

23. 设 $k_1\boldsymbol{b}_1+k_2\boldsymbol{b}_2+k_3\boldsymbol{b}_3+k_4\boldsymbol{b}_4=\boldsymbol{0}$,将 $\boldsymbol{b}_1,\boldsymbol{b}_2,\boldsymbol{b}_3,\boldsymbol{b}_4$ 的表达式代入得

$$\begin{cases}k_1+k_2+k_3+k_4=0\\ k_1+k_2+k_3=0\\ k_1+k_2=0\\ k_1=0\end{cases},k_1=k_2=k_3=k_4=0$$

$\boldsymbol{b}_1,\boldsymbol{b}_2,\boldsymbol{b}_3,\boldsymbol{b}_4$ 线性无关.

单元测试题 B 答案

一、填空题

1. 0　2. n　3. $(1\quad 1\quad -1)^{\mathrm{T}}$　4. 0　5. $r(\boldsymbol{A})<n$

二、判断题

6. √　7. √　8. ×　9. √　10. ×　11. √　12. √　13. √

三、选择题

14. D　15. D　16. B　17. B

四、计算题

18. ①$\lambda\neq 0$ 且 $\lambda\neq\pm 1$ 时,有唯一解

②$\lambda=0$ 或 $\lambda=1$ 时,无解

③$\lambda=-1$ 时有无穷解,通解为

$$\boldsymbol{x}=k\begin{pmatrix}-\dfrac{3}{5}\\ -\dfrac{3}{5}\\ 1\end{pmatrix}+\begin{pmatrix}1\\-1\\0\end{pmatrix}\quad(k\in\mathbf{R})$$

19. ① 特解 $\boldsymbol{\eta}^*=\begin{pmatrix}-1\\2\\0\end{pmatrix}$

② 基础解系 $\boldsymbol{\xi}_1=\begin{pmatrix}-2\\1\\1\end{pmatrix}$

③ 该方程的通解为 $\boldsymbol{x}=k_1\boldsymbol{\xi}_1+\boldsymbol{\eta}^*\ (k_1\in\mathbf{R})$.

20. 方程为 $\boldsymbol{x}^2-2\boldsymbol{x}\boldsymbol{y}-\boldsymbol{x}+2\boldsymbol{y}=\boldsymbol{0}$

五、证明题

21. (1) $r(\boldsymbol{A})\leqslant 3$, $|\boldsymbol{B}|=\begin{vmatrix}1&a_1&a_1^2&a_1^3\\1&a_2&a_2^2&a_2^3\\1&a_3&a_3^2&a_3^3\\1&a_4&a_4^2&a_4^3\end{vmatrix}\neq 0$

所以 $r(\boldsymbol{B})=4$,即 $r(\boldsymbol{A})<r(\boldsymbol{B})$,故无解.

(2) 通解为

$$\boldsymbol{x}=k\begin{pmatrix}-k^2\\0\\1\end{pmatrix}+\begin{pmatrix}0\\k^2\\0\end{pmatrix}\quad(k\in\mathbf{R})$$

22. 设 $k_1\boldsymbol{\beta}_1+k_2\boldsymbol{\beta}_2+k_3\boldsymbol{\beta}_3+\cdots+k_{s-1}\boldsymbol{\beta}_{s-1}=\mathbf{0}$,由向量组 $\boldsymbol{\alpha}_1,\boldsymbol{\alpha}_2,\cdots,\boldsymbol{\alpha}_s$ 线性无关,得

$$k_1=k_2=\cdots=k_{s-1}=0$$

则向量组 $\boldsymbol{\beta}_1,\boldsymbol{\beta}_2,\cdots,\boldsymbol{\beta}_{s-1}$ 线性无关.

单元测试题 C 答案

1. (1) $\boldsymbol{\beta}=\boldsymbol{\alpha}_1-\boldsymbol{\alpha}_3$

(2) $\boldsymbol{\beta}=\frac{5}{4}\boldsymbol{\alpha}_1+\frac{1}{4}\boldsymbol{\alpha}_2-\frac{1}{4}\boldsymbol{\alpha}_3-\frac{1}{4}\boldsymbol{\alpha}_4$

2. (1) $\boldsymbol{\alpha}_3=3\boldsymbol{\alpha}_1+\boldsymbol{\alpha}_2,\boldsymbol{\alpha}_5=\boldsymbol{\alpha}_1+\boldsymbol{\alpha}_2+\boldsymbol{\alpha}_4$

(2) $\boldsymbol{\alpha}_3=-\boldsymbol{\alpha}_1+2\boldsymbol{\alpha}_2,\boldsymbol{\alpha}_5=\boldsymbol{\alpha}_1+\boldsymbol{\alpha}_2+\boldsymbol{\alpha}_4$

(3) 该向量组线性无关.

3. (1) $\lambda=-2$ 时,$\boldsymbol{\alpha}_1=5\boldsymbol{\alpha}_2+2\boldsymbol{\alpha}_3$;$\lambda=3$ 时,$\boldsymbol{\alpha}_1=2\boldsymbol{\alpha}_2$

(2) $\rightarrow\begin{pmatrix}1&1&1&1&1\\0&1&-1&2&1\\0&0&a+1&0&b\\0&0&0&a+1&0\end{pmatrix}$(分析只能在第三行决定方程组是否有解)

当 $a=-1,b\neq 0$ 时,$\boldsymbol{\beta}$ 不能表示成 $\boldsymbol{\alpha}_1,\boldsymbol{\alpha}_2,\boldsymbol{\alpha}_3,\boldsymbol{\alpha}_4$ 的线性组合.

4. 设 $\boldsymbol{\alpha}_4$ 能表示成 $\boldsymbol{\alpha}_1,\boldsymbol{\alpha}_2,\boldsymbol{\alpha}_3$ 的线性组合,则有 $\boldsymbol{\alpha}_4=k_1\boldsymbol{\alpha}_1+k_2\boldsymbol{\alpha}_2+k_3\boldsymbol{\alpha}_3$,由于 $\boldsymbol{\alpha}_1,\boldsymbol{\alpha}_2,\boldsymbol{\alpha}_3$ 线性相关,$\boldsymbol{\alpha}_2,\boldsymbol{\alpha}_3,\boldsymbol{\alpha}_4$ 线性无关,进而 $\boldsymbol{\alpha}_2,\boldsymbol{\alpha}_3$ 线性无关,则 $\boldsymbol{\alpha}_1=l_1\boldsymbol{\alpha}_2+l_2\boldsymbol{\alpha}_3$,$\boldsymbol{\alpha}_4=(k_1l_1+k_2)\boldsymbol{\alpha}_2+(k_1l_2+k_3)\boldsymbol{\alpha}_3$,即 $\boldsymbol{\alpha}_4$ 能表示成 $\boldsymbol{\alpha}_2,\boldsymbol{\alpha}_3$ 的线性组合,所以 $\boldsymbol{\alpha}_2,\boldsymbol{\alpha}_3,\boldsymbol{\alpha}_4$ 线性相关,与题目条件矛盾,所以 $\boldsymbol{\alpha}_4$ 不能表示成 $\boldsymbol{\alpha}_1,\boldsymbol{\alpha}_2,\boldsymbol{\alpha}_3$ 的线性组合.

5. 因为 $\boldsymbol{\alpha}_1,\boldsymbol{\alpha}_2,\boldsymbol{\alpha}_3$ 线性无关,所以 $\boldsymbol{\alpha}_1,\boldsymbol{\alpha}_2$ 也线性无关.

又因为 $\boldsymbol{\alpha}_1,\boldsymbol{\alpha}_2,\boldsymbol{\alpha}_4$ 线性相关($\boldsymbol{\alpha}_1,\boldsymbol{\alpha}_2$ 为极大无关组),所以 $\boldsymbol{\alpha}_4$ 可以表示成 $\boldsymbol{\alpha}_1,\boldsymbol{\alpha}_2$ 的线性组合,即 $\boldsymbol{\alpha}_4=k_1\boldsymbol{\alpha}_1+k_2\boldsymbol{\alpha}_2\Rightarrow\boldsymbol{\alpha}_4=k_1\boldsymbol{\alpha}_1+k_2\boldsymbol{\alpha}_2+0\boldsymbol{\alpha}_3$,故 $\boldsymbol{\alpha}_4$ 可以由 $\boldsymbol{\alpha}_1,\boldsymbol{\alpha}_2,\boldsymbol{\alpha}_3$ 线性表示.

第 5 章 相似矩阵与二次型

5.1 向量的内积、长度及正交性

一、基本要求

(1)了解向量的内积、长度、正交、规范正交基、正交矩阵的概念;

(2)会求向量的内积、长度、规范正交基;

(3)知道施密特正交化方法.

二、知识考点概述

(1)内积.

设有 n 维向量 $\boldsymbol{x}=\begin{pmatrix}x_1\\x_2\\\vdots\\x_n\end{pmatrix}$, $\boldsymbol{y}=\begin{pmatrix}y_1\\y_2\\\vdots\\y_n\end{pmatrix}$,则

$$[\boldsymbol{x},\boldsymbol{y}]=\boldsymbol{x}^{\mathrm{T}}\boldsymbol{y}=x_1y_1+x_2y_2+\cdots+x_ny_n$$

为 $\boldsymbol{x}$ 与 $\boldsymbol{y}$ 的内积.

(2) 内积的性质.

已知 $\boldsymbol{x},\boldsymbol{y},\boldsymbol{z}$ 为向量,λ,k 为实数.

①$[\boldsymbol{x},\boldsymbol{y}]=[\boldsymbol{y},\boldsymbol{x}]$;

②$[\lambda\boldsymbol{x},\boldsymbol{y}]=\lambda[\boldsymbol{x},\boldsymbol{y}]$;

③$[\boldsymbol{x}+\boldsymbol{y},\boldsymbol{z}]=[\boldsymbol{x},\boldsymbol{z}]+[\boldsymbol{y},\boldsymbol{z}]$;

④ 当 $\boldsymbol{x}=\boldsymbol{0}$ 时,$[\boldsymbol{x},\boldsymbol{x}]=0$,当 $\boldsymbol{x}\neq\boldsymbol{0}$ 时,$[\boldsymbol{x},\boldsymbol{x}]>0$

(3) 长度.

$\boldsymbol{x}=\begin{pmatrix}x_1\\x_2\\\vdots\\x_n\end{pmatrix}$ 为 n 维向量,$\|\boldsymbol{x}\|=\sqrt{[\boldsymbol{x},\boldsymbol{x}]}=\sqrt{x_1^2+x_2^2+\cdots+x_n^2}$,称 $\|\boldsymbol{x}\|$ 为向量 $\boldsymbol{x}$ 的长度;当 $\|\boldsymbol{x}\|=1$ 时称向量 $\boldsymbol{x}$ 为单位向量.

(4) 长度的性质.

已知 $\boldsymbol{x},\boldsymbol{y}$ 为向量,λ 为实数.

① 非负性:当 $\boldsymbol{x}\neq\boldsymbol{0}$ 时,$\|\boldsymbol{x}\|>0$,当 $\boldsymbol{x}=\boldsymbol{0}$ 时,$\|\boldsymbol{x}\|=0$;

② 齐次性:$\|\lambda\boldsymbol{x}\|=|\lambda|\,\|\boldsymbol{x}\|$;

③ 三角不等式:$\|\boldsymbol{x}+\boldsymbol{y}\|\leqslant\|\boldsymbol{x}\|+\|\boldsymbol{y}\|$;

④ 柯西－许瓦茨不等式:$|[\boldsymbol{x},\boldsymbol{y}]|\leqslant\|\boldsymbol{x}\|+\|\boldsymbol{y}\|$.

(5) 正交.

n 维向量 $\boldsymbol{x}=\begin{pmatrix}x_1\\x_2\\\vdots\\x_n\end{pmatrix}$,$\boldsymbol{y}=\begin{pmatrix}y_1\\y_2\\\vdots\\y_n\end{pmatrix}$,若$[\boldsymbol{x},\boldsymbol{y}]=0$,则向量 $\boldsymbol{x}$ 与 $\boldsymbol{y}$ 正交.

(6) 正交向量组.

一组两两正交的向量 $\boldsymbol{\alpha}_1,\boldsymbol{\alpha}_2,\cdots,\boldsymbol{\alpha}_s$,称为正交向量组.

定理 1 若 n 维非零向量 $\boldsymbol{\alpha}_1,\boldsymbol{\alpha}_2,\cdots,\boldsymbol{\alpha}_s$ 为正交向量组,则它们为线性无关向量组.

(7) 正交规范基.

设 n 维向量 $\boldsymbol{e}_1,\boldsymbol{e}_2,\cdots,\boldsymbol{e}_r$ 是 r 维向量空间 $\mathbf{V}(\mathbf{V}\subset\mathbf{R}^n)$ 的一个基,如果 $\boldsymbol{e}_1,\boldsymbol{e}_2,\cdots,\boldsymbol{e}_r$ 两两正交,且都是单位向量,则称之为 $\mathbf{V}$ 的一个正交规范基.

(8) 正交规范化.

$\boldsymbol{\alpha}_1,\boldsymbol{\alpha}_2,\cdots,\boldsymbol{\alpha}_r$ 是向量空间 $\mathbf{V}(\mathbf{V}\subset\mathbf{R}^n)$ 的一个基,将其正交规范化

① 施密特正交化:$\boldsymbol{\beta}_1=\boldsymbol{\alpha}_1$,$\boldsymbol{\beta}_2=\boldsymbol{\alpha}_2-\dfrac{[\boldsymbol{\beta}_1,\boldsymbol{\alpha}_2]}{[\boldsymbol{\beta}_1,\boldsymbol{\beta}_1]}\boldsymbol{\beta}_1,\cdots,$

$$\boldsymbol{\beta}_r=\boldsymbol{\alpha}_r-\frac{[\boldsymbol{\beta}_1,\boldsymbol{\alpha}_r]}{[\boldsymbol{\beta}_1,\boldsymbol{\beta}_1]}\boldsymbol{\beta}_1-\frac{[\boldsymbol{\beta}_2,\boldsymbol{\alpha}_r]}{[\boldsymbol{\beta}_2,\boldsymbol{\beta}_2]}\boldsymbol{\beta}_2-\cdots-\frac{[\boldsymbol{\beta}_{r-1},\boldsymbol{\alpha}_r]}{[\boldsymbol{\beta}_{r-1},\boldsymbol{\beta}_{r-1}]}\boldsymbol{\beta}_{r-1}$$

② 单位化:$\boldsymbol{e}_1=\dfrac{\boldsymbol{\beta}_1}{\|\boldsymbol{\beta}_1\|}$,$\boldsymbol{e}_2=\dfrac{\boldsymbol{\beta}_2}{\|\boldsymbol{\beta}_2\|},\cdots,\boldsymbol{e}_{r-1}=\dfrac{\boldsymbol{\beta}_{r-1}}{\|\boldsymbol{\beta}_{r-1}\|}$,$\boldsymbol{e}_r=\dfrac{\boldsymbol{\beta}_r}{\|\boldsymbol{\beta}_r\|}$

(9) 正交矩阵.

如果 n 阶方阵 $\boldsymbol{A}$,满足 $\boldsymbol{A}'\boldsymbol{A}=\boldsymbol{E}$,则称 $\boldsymbol{A}$ 为正交矩阵.

定理 2 n 阶方阵 $\boldsymbol{A}$ 为正交矩阵的充分必要条件是 $\boldsymbol{A}$ 的列(行)向量组是单位正交向量组.

(10) 正交矩阵的性质.

① 若 $\boldsymbol{A}$ 是正交矩阵,则 $|\boldsymbol{A}|^2=1$;

② 若 $\boldsymbol{A}$ 是正交矩阵,则 $\boldsymbol{A}',\boldsymbol{A}^{-1}$ 也是正交矩阵;

③ 若 $\boldsymbol{A},\boldsymbol{B}$ 是 n 阶正交矩阵,则 $\boldsymbol{AB}$ 也是正交矩阵.

(11) 正交变换.

若 $\boldsymbol{T}$ 是正交矩阵,则线性变换 $\boldsymbol{y}=\boldsymbol{Tx}$ 称为正交变换.

三、典型题解

例 5.1　已知 $\boldsymbol{\alpha}=\begin{pmatrix}1\\2\\4\\-2\end{pmatrix}$，$\boldsymbol{\beta}=\begin{pmatrix}2\\-4\\-1\\2\end{pmatrix}$，① 将 $\boldsymbol{\alpha},\boldsymbol{\beta}$ 单位化；② 计算$[\boldsymbol{\alpha},\boldsymbol{\beta}]$，$[2\boldsymbol{\alpha}+\boldsymbol{\beta},\boldsymbol{\alpha}-2\boldsymbol{\beta}]$；③ 证明：$\boldsymbol{\alpha}+\boldsymbol{\beta}$ 与 $\boldsymbol{\alpha}-\boldsymbol{\beta}$ 正交.

解　① $\|\boldsymbol{\alpha}\|=\sqrt{[\boldsymbol{\alpha},\boldsymbol{\alpha}]}=\sqrt{1^2+2^2+4^2+(-2)^2}=5$，同理 $\|\boldsymbol{\beta}\|=5$，将 $\boldsymbol{\alpha},\boldsymbol{\beta}$ 单位化

$$\boldsymbol{\alpha}^0=\frac{\boldsymbol{\alpha}}{\|\boldsymbol{\alpha}\|}=\frac{1}{5}\begin{pmatrix}1\\2\\4\\-2\end{pmatrix}=\begin{pmatrix}\frac{1}{5}\\\frac{2}{5}\\\frac{4}{5}\\-\frac{2}{5}\end{pmatrix},\quad \boldsymbol{\beta}^0=\frac{\boldsymbol{\beta}}{\|\boldsymbol{\beta}\|}=\begin{pmatrix}\frac{2}{5}\\-\frac{4}{5}\\-\frac{1}{5}\\\frac{2}{5}\end{pmatrix}$$

②$[\boldsymbol{\alpha},\boldsymbol{\beta}]=1\times2+2\times(-4)+4\times(-1)+(-2)\times2=-14$

$[2\boldsymbol{\alpha}+\boldsymbol{\beta},\boldsymbol{\alpha}-2\boldsymbol{\beta}]=2[\boldsymbol{\alpha},\boldsymbol{\alpha}]-3[\boldsymbol{\alpha},\boldsymbol{\beta}]-2[\boldsymbol{\beta},\boldsymbol{\beta}]=42$

③ 证明：由于$[\boldsymbol{\alpha}+\boldsymbol{\beta},\boldsymbol{\alpha}-\boldsymbol{\beta}]=[\boldsymbol{\alpha},\boldsymbol{\alpha}]-[\boldsymbol{\beta},\boldsymbol{\beta}]=25-25=0$

由正交的定义知 $\boldsymbol{\alpha}+\boldsymbol{\beta}$ 与 $\boldsymbol{\alpha}-\boldsymbol{\beta}$ 正交.

例 5.2　已知 $\boldsymbol{a}_1=\begin{pmatrix}1\\1\\1\end{pmatrix}$，$\boldsymbol{a}_2=\begin{pmatrix}1\\0\\-1\end{pmatrix}$，$\boldsymbol{a}_3=\begin{pmatrix}1\\0\\1\end{pmatrix}$，将 $\boldsymbol{a}_1,\boldsymbol{a}_2,\boldsymbol{a}_3$ 正交规范化.

解　正交化

$$\boldsymbol{b}_1=\boldsymbol{a}_1=\begin{pmatrix}1\\1\\1\end{pmatrix}$$

由于

$$[\boldsymbol{b}_1,\boldsymbol{a}_2]=0,\quad [\boldsymbol{b}_1,\boldsymbol{b}_1]=3$$

$$\boldsymbol{b}_2=\boldsymbol{a}_2-\frac{[\boldsymbol{b}_1,\boldsymbol{a}_2]}{[\boldsymbol{b}_1,\boldsymbol{b}_1]}\boldsymbol{b}_1=\boldsymbol{a}_2=\begin{pmatrix}1\\0\\-1\end{pmatrix},[\boldsymbol{b}_1,\boldsymbol{a}_3]=2,[\boldsymbol{b}_2,\boldsymbol{a}_3]=0,[\boldsymbol{b}_1,\boldsymbol{b}_1]=3$$

$$[\boldsymbol{b}_2,\boldsymbol{b}_2]=2,\boldsymbol{b}_3=\boldsymbol{a}_3-\frac{[\boldsymbol{b}_1,\boldsymbol{a}_3]}{[\boldsymbol{b}_1,\boldsymbol{b}_1]}\boldsymbol{b}_1-\frac{[\boldsymbol{b}_2,\boldsymbol{a}_3]}{[\boldsymbol{b}_2,\boldsymbol{b}_2]}\boldsymbol{b}_2=\boldsymbol{a}_3-\frac{2}{3}\boldsymbol{b}_1=\begin{pmatrix}\frac{1}{3}\\-\frac{2}{3}\\\frac{1}{3}\end{pmatrix}$$

单位化

$$\|\boldsymbol{b}_1\|=\sqrt{3},\quad \|\boldsymbol{b}_2\|=\sqrt{2},\quad \|\boldsymbol{b}_3\|=\frac{\sqrt{6}}{3}$$

$$\boldsymbol{e}_1=\frac{\boldsymbol{b}_1}{\|\boldsymbol{b}_1\|}=\frac{1}{\sqrt{3}}\begin{pmatrix}1\\1\\1\end{pmatrix},\quad \boldsymbol{e}_2=\frac{\boldsymbol{b}_2}{\|\boldsymbol{b}_2\|}=\frac{1}{\sqrt{2}}\begin{pmatrix}1\\0\\1\end{pmatrix},\quad \boldsymbol{e}_3=\frac{\boldsymbol{b}_3}{\|\boldsymbol{b}_3\|}=\frac{\sqrt{6}}{3}\begin{pmatrix}\frac{1}{3}\\-\frac{2}{3}\\\frac{1}{3}\end{pmatrix}$$

例 5.3 证明:向量$\boldsymbol{\alpha}$与$\boldsymbol{\beta}$正交的充分必要条件是,对任意t都有$\|\boldsymbol{\alpha}+t\boldsymbol{\beta}\|\geqslant\|\boldsymbol{\alpha}\|$.

证明 必要性.若$[\boldsymbol{\alpha},\boldsymbol{\beta}]=0$,那么

$$[\boldsymbol{\alpha}+t\boldsymbol{\beta},\boldsymbol{\alpha}+t\boldsymbol{\beta}]-[\boldsymbol{\alpha},\boldsymbol{\alpha}]=[\boldsymbol{\alpha},\boldsymbol{\alpha}]+2t[\boldsymbol{\alpha},\boldsymbol{\beta}]+t^2[\boldsymbol{\beta},\boldsymbol{\beta}]-[\boldsymbol{\alpha},\boldsymbol{\alpha}]=t^2[\boldsymbol{\beta},\boldsymbol{\beta}]\geqslant 0$$

所以,对任意t总有

$$\|\boldsymbol{\alpha}+t\boldsymbol{\beta}\|\geqslant\|\boldsymbol{\alpha}\|$$

充分性.对任意t,都有

$$\|\boldsymbol{\alpha}+t\boldsymbol{\beta}\|\geqslant\|\boldsymbol{\alpha}\|$$

即$\forall t$,总有

$$2t[\boldsymbol{\alpha},\boldsymbol{\beta}]+t^2[\boldsymbol{\beta},\boldsymbol{\beta}]\geqslant 0$$

若$\boldsymbol{\beta}=0$,显然有$\boldsymbol{\alpha}$与$\boldsymbol{\beta}$正交.

若$\boldsymbol{\beta}\neq 0$,那么取$t=-\frac{[\boldsymbol{\alpha},\boldsymbol{\beta}]}{[\boldsymbol{\beta},\boldsymbol{\beta}]}$代入上式得$-\frac{[\boldsymbol{\alpha},\boldsymbol{\beta}]^2}{[\boldsymbol{\beta},\boldsymbol{\beta}]}\geqslant 0$,又由$[\boldsymbol{\alpha},\boldsymbol{\beta}]^2\geqslant 0$,$[\boldsymbol{\beta},\boldsymbol{\beta}]>0$,得$-\frac{[\boldsymbol{\alpha},\boldsymbol{\beta}]^2}{[\boldsymbol{\beta},\boldsymbol{\beta}]}\leqslant 0$,从而有$[\boldsymbol{\alpha},\boldsymbol{\beta}]=0$,即$\boldsymbol{\alpha}$与$\boldsymbol{\beta}$正交.

例 5.4 $\boldsymbol{A}=\begin{pmatrix}a & -\frac{3}{7} & \frac{2}{7}\\ b & \frac{6}{7} & c\\ -\frac{3}{7} & \frac{2}{7} & d\end{pmatrix}$为正交阵,求$a,b,c,d$的值.

解 由于$\boldsymbol{A}$是正交阵,则有$\begin{pmatrix}a & -\frac{3}{7} & \frac{2}{7}\end{pmatrix}$,$\begin{pmatrix}-\frac{3}{7} & \frac{2}{7} & d\end{pmatrix}$都是单位向量,则

$$a^2+(-\frac{3}{7})^2+(\frac{2}{7})^2=1,\quad (-\frac{3}{7})^2+(\frac{2}{7})^2+d^2=1$$

得$a=\pm\frac{6}{7}$,$d=\pm\frac{6}{7}$,又由两个向量正交,故

$$-\frac{3}{7}a-\frac{6}{49}+\frac{2}{7}d=0$$

所以

$$a=-\frac{6}{7},\quad d=\frac{6}{7}$$

再由列向量的正交性

$$(-\frac{6}{7})\times(-\frac{3}{7})+\frac{6}{7}b+(-\frac{3}{7})\times\frac{2}{7}=0$$

$$\left(-\frac{3}{7}\right)\frac{2}{7}+\frac{6}{7}c+\frac{2}{7}\times\left(-\frac{6}{7}\right)=0$$

得

$$b=-\frac{2}{7},\quad c=\frac{3}{7}$$

5.2　方阵的特征值和特征向量及矩阵的对角化

一、基本要求

(1) 理解矩阵的特征值与特征向量的概念,了解其性质;

(2) 会求矩阵的特征值与特征向量;

(3) 了解相似矩阵的概念和性质;

(4) 了解矩阵可相似对角化的充要条件并会将其对角化.

二、知识考点概述

(1) 特征值与特征向量.

设 $\boldsymbol{A}$ 为 n 阶方阵,若存在数 λ 和 n 维非零向量 $\boldsymbol{x}$,使得 $\boldsymbol{Ax}=\lambda\boldsymbol{x}$,则称 λ 为矩阵 $\boldsymbol{A}$ 的特征值,称非零向量 $\boldsymbol{x}$ 为矩阵 $\boldsymbol{A}$ 对应于特征值 λ 的特征向量.

(2) 求特征值、特征向量的方法.

① 由 $|\boldsymbol{A}-\lambda\boldsymbol{E}|=0$,求得特征值 $\lambda_1,\lambda_2,\cdots,\lambda_n$;

② 求特征值 $\lambda=\lambda_i$ 的特征向量,$(\boldsymbol{A}-\lambda_i\boldsymbol{E})\boldsymbol{x}=\boldsymbol{0}$ 的基础解系 $\boldsymbol{\xi}_{i1},\boldsymbol{\xi}_{i2},\cdots,\boldsymbol{\xi}_{i1}$,则矩阵 $\boldsymbol{A}$ 对应于特征值 λ_i 的特征向量为 $c_1\boldsymbol{\xi}_1+c_2\boldsymbol{\xi}_2+\cdots+c_k\boldsymbol{\xi}_k$,其中 $c_1,c_2,\cdots,c_k$ 不同时为零.

(3) 特征值、特征向量的性质.

①$\lambda_1+\lambda_2+\cdots+\lambda_n=a_{11}+a_{22}+\cdots+a_{nn}$;

②$\lambda_1\cdot\lambda_2\cdot\cdots\cdot\lambda_n=|\boldsymbol{A}|$.

定理 3　设 $\boldsymbol{p}_1,\boldsymbol{p}_2,\cdots,\boldsymbol{p}_m$ 都是方阵 $\boldsymbol{A}$ 的对应特征值 λ 的特征向量,则它们的任何非零线性组合 $k_1\boldsymbol{p}_1+k_2\boldsymbol{p}_2+\cdots+k_m\boldsymbol{p}_m$($k_1,k_2,\cdots,k_m$ 不全为零)也是 $\boldsymbol{A}$ 的对应特征值 λ 的特征向量.

定理 4　设 $\lambda_1,\lambda_2,\cdots,\lambda_m$ 是方阵 $\boldsymbol{A}$ 的 m 个互不相同的特征值,$\boldsymbol{p}_1,\boldsymbol{p}_2,\cdots,\boldsymbol{p}_m$ 依次是与之对应的特征向量,则 $\boldsymbol{p}_1,\boldsymbol{p}_2,\cdots,\boldsymbol{p}_m$ 线性无关.

(4) 相似矩阵.

设 $\boldsymbol{A}$ 与 $\boldsymbol{B}$ 都是 n 阶方阵,如果存在一个可逆矩阵 $\boldsymbol{P}$,使 $\boldsymbol{B}=\boldsymbol{P}^{-1}\boldsymbol{AP}$,则称 $\boldsymbol{B}$ 是 $\boldsymbol{A}$ 的相似矩阵.

(5) 相似矩阵的性质.

① 相似矩阵有相同的秩;

② 相似矩阵的行列式相同;

③ 相似矩阵同时可逆或同时不可逆,当它们可逆时,其逆矩阵也相似;

④ 相似矩阵有相同的特征多项式,从而有相同的特征值.

(6) 矩阵的对角化.

n 阶方阵 $\boldsymbol{A}$ 可对角化的充分必要条件是:$\boldsymbol{A}$ 有 n 个线性无关的特征向量 $\boldsymbol{p}_1,\boldsymbol{p}_2,\cdots,\boldsymbol{p}_n$,并且以它们为列向量的矩阵 $\boldsymbol{P}$,能使 $\boldsymbol{P}^{-1}\boldsymbol{AP}$ 为对角矩阵,而且此对角矩阵的主对角线元素依次是与 $\boldsymbol{p}_1,\boldsymbol{p}_2,\cdots,\boldsymbol{p}_n$ 对应的特征值 $\lambda_1,\lambda_2,\cdots,\lambda_n$.

定理 5 n 阶方阵 $\boldsymbol{A}$ 可对角化的充分必要条件是对应于 $\boldsymbol{A}$ 的每个特征值的特征向量的个数恰好等于该特征值的重数,即 $r(\boldsymbol{A}-\lambda_i\boldsymbol{E})=n-k_i$,其中 k_i 为特征值 λ_i 的重数($i=1,2,\cdots,r;k_1+k_2+\cdots+k_r=n$)

三、典型题解

例 5.5 已知 $\boldsymbol{A}=\begin{pmatrix}1&2&2\\2&1&2\\2&2&1\end{pmatrix}$,求该矩阵的特征值及其对应的特征向量.

解 $|\boldsymbol{A}-\lambda\boldsymbol{E}|=\begin{vmatrix}1-\lambda&2&2\\2&1-\lambda&2\\2&2&1-\lambda\end{vmatrix}\underline{\underline{r_1+r_2+r_3}}\begin{vmatrix}5-\lambda&5-\lambda&5-\lambda\\2&1-\lambda&2\\2&2&1-\lambda\end{vmatrix}=$

$(5-\lambda)\begin{vmatrix}1&1&1\\2&1-\lambda&2\\2&2&1-\lambda\end{vmatrix}\underline{\underline{\begin{matrix}r_2-2r_1\\r_3-2r_1\end{matrix}}}(5-\lambda)\begin{vmatrix}1&1&1\\0&-1-\lambda&0\\0&0&-1-\lambda\end{vmatrix}=$

$(5-\lambda)(\lambda+1)^2=0$

得

$$\lambda_1=5,\quad \lambda_2=\lambda_3=-1$$

当 $\lambda_1=5$ 时

$$(\boldsymbol{A}-5\boldsymbol{E})\boldsymbol{x}=\boldsymbol{0}$$

$$(\boldsymbol{A}-5\boldsymbol{E})=\begin{pmatrix}-4&2&2\\2&-4&2\\2&2&-4\end{pmatrix}\longrightarrow\begin{pmatrix}-2&1&1\\1&-2&1\\1&1&-2\end{pmatrix}\xrightarrow{r_1\leftrightarrow r_3}\begin{pmatrix}1&1&-2\\1&-2&1\\-2&1&1\end{pmatrix}\longrightarrow$$

$$\begin{pmatrix}1&1&-2\\0&-3&3\\0&3&-3\end{pmatrix}\longrightarrow\begin{pmatrix}1&1&-2\\0&1&-1\\0&0&0\end{pmatrix}\xrightarrow{r_1-r_2}\begin{pmatrix}1&0&-1\\0&1&-1\\0&0&0\end{pmatrix}$$

该方程的同解方程为

$$\begin{cases}x_1=x_3\\x_2=x_3\end{cases}$$

设 $x_3=1$,代入得 $x_1=1,x_2=1,\boldsymbol{\xi}_1=\begin{pmatrix}1\\1\\1\end{pmatrix}$,$k_1\boldsymbol{\xi}_1(k_1\neq 0)$ 为 $\lambda_1=5$ 时的全部特征向量;

当 $\lambda_2=\lambda_3=-1$ 时

$$(\boldsymbol{A}+\boldsymbol{E})\boldsymbol{x}=\boldsymbol{0}$$

$$(\boldsymbol{A}+\boldsymbol{E})=\begin{pmatrix}2&2&2\\2&2&2\\2&2&2\end{pmatrix}\longrightarrow\begin{pmatrix}2&2&2\\0&0&0\\0&0&0\end{pmatrix}\xrightarrow{r_1\div 2}\begin{pmatrix}1&1&1\\0&0&0\\0&0&0\end{pmatrix}$$

代入未知数得

$$x_1=-x_2-x_3$$

设 $\begin{pmatrix}x_2\\x_3\end{pmatrix}=\begin{pmatrix}1\\0\end{pmatrix}$ 及 $\begin{pmatrix}0\\1\end{pmatrix}$，得 $x_1=-1$，$\boldsymbol{\xi}_2=\begin{pmatrix}-1\\1\\0\end{pmatrix}$，$\boldsymbol{\xi}_3=\begin{pmatrix}-1\\0\\1\end{pmatrix}$，$k_2\boldsymbol{\xi}_2+k_3\boldsymbol{\xi}_3$（$k_2$，$k_3$ 不同时为 0）为 $\lambda_2=\lambda_3=-1$ 的全部特征向量.

例 5.6　已知 $\boldsymbol{A}=\begin{pmatrix}2&-1&2\\5&-3&3\\-1&0&-2\end{pmatrix}$，求特征值及其对应的特征向量.

解　$$|\boldsymbol{A}-\lambda\boldsymbol{E}|=\begin{vmatrix}2-\lambda&-1&2\\5&-3-\lambda&3\\-1&0&-2-\lambda\end{vmatrix}=-\begin{vmatrix}2-\lambda&-1&2\\5&-3-\lambda&3\\1&0&2+\lambda\end{vmatrix}$$

$$\xlongequal{c_3-(2+\lambda)c_1}-\begin{vmatrix}2-\lambda&-1&\lambda^2-2\\5&-3-\lambda&-5\lambda-7\\1&0&0\end{vmatrix}=$$

$$-\begin{vmatrix}-1&\lambda^2-2\\-3-\lambda&-5\lambda-7\end{vmatrix}=(\lambda+1)^3=0$$

特征值为

$$\lambda_1=\lambda_2=\lambda_3=-1$$

当 $\lambda_1=\lambda_2=\lambda_3=-1$ 时

$$(\boldsymbol{A}+\boldsymbol{E})\boldsymbol{x}=\boldsymbol{0}$$

$$\boldsymbol{A}+\boldsymbol{E}=\begin{pmatrix}3&-1&2\\5&-2&3\\-1&0&-1\end{pmatrix}\longrightarrow\begin{pmatrix}1&0&1\\5&-2&3\\3&-1&2\end{pmatrix}\longrightarrow$$

$$\begin{pmatrix}1&0&1\\0&-2&-2\\0&-1&-1\end{pmatrix}\longrightarrow\begin{pmatrix}1&0&1\\0&1&1\\0&0&0\end{pmatrix}$$

代入 x_1，x_2，x_3 得

$$\begin{cases}x_1+x_3=0\\x_2+x_3=0\end{cases},\quad\begin{cases}x_1=-x_3\\x_2=-x_3\end{cases}$$

设 $x_3=1$，得

$$\begin{pmatrix}x_1\\x_2\end{pmatrix}=\begin{pmatrix}-1\\-1\end{pmatrix},\quad\boldsymbol{\xi}_1=\begin{pmatrix}-1\\-1\\1\end{pmatrix}$$

则 $k_1\boldsymbol{\xi}_1$（$k_1\neq0$）为 $\lambda_1=\lambda_2=\lambda_3=-1$ 的全部特征向量.

例 5.7　求矩阵 $\boldsymbol{A}=\begin{pmatrix}-1&1&0\\-4&3&0\\1&0&2\end{pmatrix}$ 的特征值和特征向量.

解 由$|\boldsymbol{A}-\lambda\boldsymbol{E}|=0$得$\begin{vmatrix}-1-\lambda & 1 & 0\\ -4 & 3-\lambda & 0\\ 1 & 0 & 2-\lambda\end{vmatrix}=0$,即

$$(\lambda+1)(\lambda-3)(\lambda-2)+4(\lambda-2)=0$$

解得$\lambda_1=\lambda_2=1,\lambda_3=2$为特征值.

当$\lambda_1=\lambda_2=1$时,解$(\boldsymbol{A}-\boldsymbol{E})\boldsymbol{x}=\boldsymbol{0}$得

$$\boldsymbol{A}-\boldsymbol{E}=\begin{pmatrix}-2 & 1 & 0\\ -4 & 2 & 0\\ 1 & 0 & 1\end{pmatrix}\longrightarrow\begin{pmatrix}1 & 0 & 1\\ -4 & 2 & 0\\ -2 & 1 & 0\end{pmatrix}\longrightarrow\begin{pmatrix}1 & 0 & 1\\ 0 & 2 & 4\\ 0 & 1 & 2\end{pmatrix}$$

$\longrightarrow\begin{pmatrix}1 & 0 & 1\\ 0 & 1 & 2\\ 0 & 0 & 0\end{pmatrix}$,代入$x_1,x_2,x_3$得$\begin{cases}x_1=-x_3\\ x_2=-2x_3\end{cases}$,设$x_3=1$,将$x_3=1$代入得$x_1=-1$,$x_2=-2$

于是

$$\boldsymbol{\xi}_1=\begin{pmatrix}-1\\ -2\\ 1\end{pmatrix}$$

$k_1\boldsymbol{\xi}_1(k_1\neq 0)$是属于$\lambda_1=\lambda_2=1$的全部特征向量;

当$\lambda_3=2$时,解$(\boldsymbol{A}-2\boldsymbol{E})\boldsymbol{x}=\boldsymbol{0}$,得

$$\boldsymbol{A}-2\boldsymbol{E}=\begin{pmatrix}-3 & 1 & 0\\ -4 & 1 & 0\\ 1 & 0 & 0\end{pmatrix}\xrightarrow{r_1\leftrightarrow r_3}\begin{pmatrix}1 & 0 & 0\\ -4 & 1 & 0\\ -3 & 1 & 0\end{pmatrix}\xrightarrow[r_3+3r_1]{r_2+4r_1}$$

$$\begin{pmatrix}1 & 0 & 0\\ 0 & 1 & 0\\ 0 & 1 & 0\end{pmatrix}\xrightarrow{r_3-r_2}\begin{pmatrix}1 & 0 & 0\\ 0 & 1 & 0\\ 0 & 0 & 0\end{pmatrix}$$

得$\begin{cases}x_1=0\\ x_2=0\end{cases}$,设$x_3=1$,于是

$$\boldsymbol{\xi}_2=\begin{pmatrix}0\\ 0\\ 1\end{pmatrix}$$

$k_2\boldsymbol{\xi}_2,k_2\neq 0$是属于$\lambda_3=2$的全部特征向量.

例 5.8 设λ_0为n阶方阵$\boldsymbol{A}$的一个特征值,证明:

(1)λ_0^2是$\boldsymbol{A}^2$的特征值;

(2) 对任意数k,$k-\lambda_0$是$k\boldsymbol{E}-\boldsymbol{A}$的一个特征值.

证明 设$\boldsymbol{A}$的属于特征值λ_0的特征向量为向量$\boldsymbol{\alpha}$,即$\boldsymbol{A\alpha}=\lambda_0\boldsymbol{\alpha}(\boldsymbol{\alpha}\neq\boldsymbol{0})$

(1) 在上式两边左乘矩阵$\boldsymbol{A}$,有

$$\boldsymbol{A}^2\boldsymbol{\alpha}=\lambda_0\boldsymbol{A\alpha}=\lambda_0^2\boldsymbol{\alpha}\quad(\boldsymbol{\alpha}\neq\boldsymbol{0})$$

即λ_0^2是$\boldsymbol{A}^2$的特征值;

(2) 由 $\boldsymbol{A\alpha}=\lambda_0\boldsymbol{\alpha}(\boldsymbol{\alpha}\neq\boldsymbol{0})$ 可得

$$k\boldsymbol{\alpha}-\boldsymbol{A\alpha}=k\boldsymbol{\alpha}-\lambda_0\boldsymbol{\alpha}\quad(\boldsymbol{\alpha}\neq\boldsymbol{0})$$

即

$$(k\boldsymbol{E}-\boldsymbol{A})\boldsymbol{\alpha}=(k-\lambda_0)\boldsymbol{\alpha}\quad(\boldsymbol{\alpha}\neq\boldsymbol{0})$$

所以,对任意数 k,$k-\lambda_0$ 是 $k\boldsymbol{E}-\boldsymbol{A}$ 的一个特征值.

例 5.9 已知 $\boldsymbol{A}=\begin{pmatrix}2&0&0\\0&0&1\\0&1&x\end{pmatrix}$,$\boldsymbol{B}=\begin{pmatrix}2&0&0\\0&y&0\\0&0&-1\end{pmatrix}$,且 $\boldsymbol{A}$ 与 $\boldsymbol{B}$ 相似,求 x,y 的值.

解 由 $\boldsymbol{A}$ 与 $\boldsymbol{B}$ 相似,则 $\boldsymbol{A}$ 与 $\boldsymbol{B}$ 有相同的特征值,且 $\mathrm{tr}\,\boldsymbol{A}=\mathrm{tr}\,\boldsymbol{B}$,可得 $|\boldsymbol{A}|=-2=|\boldsymbol{B}|=-2y$,得 $y=1$,$\mathrm{tr}\,\boldsymbol{A}=2+x=\mathrm{tr}\,\boldsymbol{B}=1+y$,得 $x=0$.

例 5.10 若 $\boldsymbol{A}=\begin{pmatrix}2&2&0\\8&2&a\\0&0&6\end{pmatrix}$ 相似于对角阵 $\boldsymbol{\Lambda}$,求 a 的值,并求可逆矩阵 $\boldsymbol{P}$,使得

$$\boldsymbol{P}^{-1}\boldsymbol{AP}=\boldsymbol{\Lambda}$$

解 $|\boldsymbol{A}-\lambda\boldsymbol{E}|=\begin{vmatrix}2-\lambda&2&0\\8&2-\lambda&a\\0&0&6-\lambda\end{vmatrix}=(6-\lambda)\begin{vmatrix}2-\lambda&2\\8&2-\lambda\end{vmatrix}=$
$(\lambda-6)^2(\lambda+2)=0$

$$\lambda_1=\lambda_2=6,\quad\lambda_3=-2$$

由 $\lambda=6$ 是二重特征值,故 $\lambda=6$ 应有两个线性无关的特征向量,因此矩阵 $\boldsymbol{A}-6\boldsymbol{E}$ 的秩必为 1,从而由

$$\boldsymbol{A}-6\boldsymbol{E}=\begin{pmatrix}-4&2&0\\8&-4&a\\0&0&0\end{pmatrix}\xrightarrow{r_2+2r_1}\begin{pmatrix}-4&2&0\\0&0&a\\0&0&0\end{pmatrix}$$

知 $a=0$.

当 $\lambda_1=\lambda_2=6$ 时,由

$$(\boldsymbol{A}-6\boldsymbol{E})\boldsymbol{x}=\boldsymbol{0}$$

$$\boldsymbol{A}-6\boldsymbol{E}=\begin{pmatrix}-4&2&0\\8&-4&0\\0&0&0\end{pmatrix}\xrightarrow{r_2+2r_1}$$

$$\begin{pmatrix}-4&2&0\\0&0&0\\0&0&0\end{pmatrix}\xrightarrow{r_1\div 4}\begin{pmatrix}1&-\frac{1}{2}&0\\0&0&0\\0&0&0\end{pmatrix}$$

代入 x_1,x_2,x_3 得

$$x_1-\frac{1}{2}x_2=0,\quad x_1=\frac{1}{2}x_2$$

设 $\begin{pmatrix}x_2\\x_3\end{pmatrix}=\begin{pmatrix}1\\0\end{pmatrix}\begin{pmatrix}0\\1\end{pmatrix}$,得

$$\boldsymbol{\xi}_1=\begin{pmatrix}\frac{1}{2}\\1\\0\end{pmatrix},\quad \boldsymbol{\xi}_2=\begin{pmatrix}0\\0\\1\end{pmatrix}$$

当 $\lambda_3=-2$ 时

$$(\boldsymbol{A}+2\boldsymbol{E})\boldsymbol{x}=\boldsymbol{0}$$

$$\boldsymbol{A}+2\boldsymbol{E}=\begin{pmatrix}4&2&0\\8&4&0\\0&0&8\end{pmatrix}\longrightarrow\begin{pmatrix}4&2&0\\0&0&0\\0&0&1\end{pmatrix}$$

代入 x_1,x_2,x_3 得

$$\begin{cases}x_1+\frac{1}{2}x_2=0\\x_3=0\end{cases},\quad\begin{cases}x_1=-\frac{1}{2}x_2\\x_3=0\end{cases}$$

设 $x_2=1$,得

$$\begin{pmatrix}x_1\\x_3\end{pmatrix}=\begin{pmatrix}-\frac{1}{2}\\0\end{pmatrix},\quad \boldsymbol{\xi}_3=\begin{pmatrix}-\frac{1}{2}\\1\\0\end{pmatrix}$$

令 $P=(\boldsymbol{\xi}_1,\boldsymbol{\xi}_2,\boldsymbol{\xi}_3)=\begin{pmatrix}\frac{1}{2}&0&-\frac{1}{2}\\1&0&1\\0&1&0\end{pmatrix}$

则

$$\boldsymbol{P}^{-1}\boldsymbol{AP}=\boldsymbol{\Lambda}=\begin{pmatrix}6&0&0\\0&6&0\\0&0&-2\end{pmatrix}$$

5.3 实对称矩阵的对角化

一、基本要求

会将实对称矩阵对角化.

二、知识考点概述

定理 6 实对称矩阵的特征值都是实数.

定理 7 设 λ_1,λ_2 是实对称矩阵的两个特征值,$\boldsymbol{p}_1,\boldsymbol{p}_2$ 是对应的特征向量,若 $\lambda_1\neq\lambda_2$,则 $\boldsymbol{p}_1$ 与 $\boldsymbol{p}_2$ 正交.

定理 8 设 $\boldsymbol{A}$ 为实对称矩阵,则必存在正交矩阵 $\boldsymbol{T}$,使 $\boldsymbol{T}^{-1}\boldsymbol{AT}=\boldsymbol{\Lambda}$,其中 $\boldsymbol{\Lambda}$ 是以 $\boldsymbol{A}$ 的特征值为对角元的对角矩阵.

对角化的方法:

① 求出 $\boldsymbol{A}$ 的所有不同的特征值 $\lambda_1,\lambda_2,\cdots,\lambda_s$;

② 求出 $\boldsymbol{A}$ 对应每个特征值 $\lambda=\lambda_i$，$(\boldsymbol{A}-\lambda_i\boldsymbol{E})\boldsymbol{x}=\boldsymbol{0}$ 的基础解系 $\boldsymbol{\xi}_{i1},\boldsymbol{\xi}_{i2},\cdots,\boldsymbol{\xi}_{ik}$，将 $\boldsymbol{\xi}_{i1},\boldsymbol{\xi}_{i2},\cdots,\boldsymbol{\xi}_{ik}$ 正交规范化得 $\boldsymbol{p}_{i1},\boldsymbol{p}_{i2},\cdots,\boldsymbol{p}_{ik}$；

③ 以上面求出的 n 个正交的单位特征向量作为列向量所得的 n 阶方阵，即为正交阵 $\boldsymbol{T}$，以相应的特征值作为主对角线元素的矩阵，即为所求的 $\boldsymbol{T}^{-1}\boldsymbol{A}\boldsymbol{T}$.

三、典型题解

例 5.11　$\boldsymbol{A}=\begin{pmatrix}2&2&-2\\2&5&-4\\-2&-4&5\end{pmatrix}$，将 $\boldsymbol{A}$ 对角化.

解　$|\boldsymbol{A}-\lambda\boldsymbol{E}|=\begin{vmatrix}2-\lambda&2&-2\\2&5-\lambda&-4\\-2&-4&5-\lambda\end{vmatrix}\xlongequal{r_3+r_2}\begin{vmatrix}2-\lambda&2&-2\\2&5-\lambda&-4\\0&1-\lambda&1-\lambda\end{vmatrix}=$

$(1-\lambda)\begin{vmatrix}2-\lambda&2&-2\\2&5-\lambda&-4\\0&1&1\end{vmatrix}\xlongequal{c_2-c_3}(1-\lambda)\begin{vmatrix}2-\lambda&4&-2\\2&9-\lambda&-4\\0&0&1\end{vmatrix}=$

$(1-\lambda)\begin{vmatrix}2-\lambda&4\\2&9-\lambda\end{vmatrix}=-(\lambda-1)^2(\lambda-10)=0$

$\lambda_1=\lambda_2=1,\lambda_3=10$，当 $\lambda_1=\lambda_2=1$ 时，$(\boldsymbol{A}-\boldsymbol{E})\boldsymbol{x}=\boldsymbol{0}$，

$$\boldsymbol{A}-\boldsymbol{E}=\begin{pmatrix}1&2&-2\\2&4&-4\\-2&-4&4\end{pmatrix}\xrightarrow[r_3+2r_1]{r_2-2r_1}\begin{pmatrix}1&2&-2\\0&0&0\\0&0&0\end{pmatrix}$$

代入 x_1,x_2,x_3 得

$$x_1+2x_2-2x_3=0,\quad x_1=-2x_2+2x_3$$

设 $\begin{pmatrix}x_2\\x_3\end{pmatrix}=\begin{pmatrix}1\\0\end{pmatrix}\begin{pmatrix}0\\1\end{pmatrix}$，得

$$x_1=-2,2$$

$$\boldsymbol{\xi}_1=\begin{pmatrix}-2\\1\\0\end{pmatrix},\quad \boldsymbol{\xi}_2=\begin{pmatrix}2\\0\\1\end{pmatrix}$$

将 $\boldsymbol{\xi}_1,\boldsymbol{\xi}_2$ 正交化得

$$\boldsymbol{\eta}_1=\boldsymbol{\xi}_1=\begin{pmatrix}-2\\1\\0\end{pmatrix},\ \boldsymbol{\eta}_2=\boldsymbol{\xi}_2-\frac{[\boldsymbol{\eta}_1,\boldsymbol{\xi}_2]}{[\boldsymbol{\eta}_1,\boldsymbol{\eta}_1]}\boldsymbol{\eta}_1,\quad [\boldsymbol{\eta}_1,\boldsymbol{\xi}_2]=-4,[\boldsymbol{\eta}_1,\boldsymbol{\eta}_1]=5$$

得 $\boldsymbol{\eta}_2=\begin{pmatrix}\frac{2}{5}\\\frac{4}{5}\\1\end{pmatrix}$，再将 $\boldsymbol{\eta}_1,\boldsymbol{\eta}_2$ 单位化得

$$p_1=\frac{\eta_1}{\|\eta_1\|}=\frac{1}{\sqrt{5}}\begin{pmatrix}-2\\0\\1\end{pmatrix},\quad p_2=\frac{\eta_2}{\|\eta_2\|}=\frac{\sqrt{5}}{3}\begin{pmatrix}\frac{2}{5}\\\frac{4}{5}\\1\end{pmatrix}$$

当 $\lambda_3=10$ 时

$$(A-10E)x=0$$

$$A-10E=\begin{pmatrix}-8&2&-2\\2&-5&-4\\-2&-4&-5\end{pmatrix}\longrightarrow\begin{pmatrix}2&-5&-4\\-4&1&-1\\-2&-4&-5\end{pmatrix}\longrightarrow$$

$$\begin{pmatrix}2&-5&-4\\0&-9&-9\\0&-9&-9\end{pmatrix}\longrightarrow\begin{pmatrix}2&-5&-4\\0&1&1\\0&0&0\end{pmatrix}\xrightarrow{r_1+5r_2}$$

$$\begin{pmatrix}2&0&1\\0&1&1\\0&0&0\end{pmatrix}\xrightarrow{r_1\div 2}\begin{pmatrix}1&0&\frac{1}{2}\\0&1&1\\0&0&0\end{pmatrix}$$

代入 x_1,x_2,x_3 得

$$\begin{cases}x_1+\frac{1}{2}x_3=0\\x_2+x_3=0\end{cases},\quad\begin{cases}x_1=-\frac{1}{2}x_3\\x_2=-x_3\end{cases}$$

设 $x_3=1$,得

$$\begin{pmatrix}x_1\\x_2\end{pmatrix}=\begin{pmatrix}-\frac{1}{2}\\-1\end{pmatrix},\quad \xi_3=\begin{pmatrix}-\frac{1}{2}\\-1\\1\end{pmatrix}$$

将 ξ_3 单位化得

$$p_3=\frac{\xi_3}{\|\xi_3\|}=\frac{2}{3}\begin{pmatrix}-\frac{1}{2}\\-1\\1\end{pmatrix}$$

则正交阵

$$P=(p_1,p_2,p_3)=\begin{pmatrix}-\frac{2}{\sqrt{5}}&\frac{2\sqrt{5}}{15}&-\frac{1}{3}\\0&\frac{4\sqrt{5}}{15}&-\frac{2}{3}\\\frac{1}{\sqrt{5}}&\frac{\sqrt{5}}{3}&\frac{2}{3}\end{pmatrix}$$

对角阵 $\boldsymbol{\Lambda}=\begin{pmatrix}1&0&0\\0&1&0\\0&0&10\end{pmatrix}$，$\boldsymbol{P}^{-1}\boldsymbol{AP}=\boldsymbol{\Lambda}$.

例 5.12　判断矩阵 $\boldsymbol{A}$ 是否可对角化，其中 $\boldsymbol{A}=\begin{pmatrix}-1&1&0\\-4&3&0\\1&0&2\end{pmatrix}$.

解　$|\lambda\boldsymbol{E}-\boldsymbol{A}|=\begin{vmatrix}\lambda+1&-1&0\\4&\lambda-3&0\\-1&0&\lambda-2\end{vmatrix}=-(\lambda-1)^2(\lambda-2)=0$，

可得 $\lambda_1=\lambda_2=1,\lambda_3=2$.

对于 $\lambda_1=\lambda_2=1$，解齐次线性方程组 $(\boldsymbol{A}-\boldsymbol{E})\boldsymbol{x}=\boldsymbol{0}$，得其基础解系为 $\boldsymbol{\xi}_1=\begin{pmatrix}-1\\-2\\1\end{pmatrix}$，对于 $\lambda_3=2$，解齐次线性方程组 $(\boldsymbol{A}-2\boldsymbol{E})\boldsymbol{x}=\boldsymbol{0}$，得其基础解系为 $\boldsymbol{\xi}_2=\begin{pmatrix}0\\0\\1\end{pmatrix}$. 由于 3 阶矩阵 $\boldsymbol{A}$ 仅有两个线性无关的特征向量 $\boldsymbol{\xi}_1,\boldsymbol{\xi}_2$，所以 $\boldsymbol{A}$ 不可对角化.

5.4　二　次　型

一、基本要求

(1) 熟悉二次型及其矩阵表示，知道二次型的秩；

(2) 掌握用正交化方法与配方法把二次型化成标准形.

二、知识考点概述

定理 9　任给二次型 $f=\sum_{i=1}^{n}\sum_{j=1}^{n}a_{ij}x_ix_j$，总有正交变换 $\boldsymbol{x}=\boldsymbol{Ty}$，使 f 化成标准形 $f=\lambda_1y_1^2+\lambda_2y_2^2+\cdots+\lambda_ny_n^2$，其中 $\lambda_1,\lambda_2,\cdots,\lambda_n$ 是 f 的矩阵 $\boldsymbol{A}=(a_{ij})$ 的特征值.

(1) 正交变换法将二次型化为标准形.

① 写出 f 的矩阵 $\boldsymbol{A}$；

② 求出将 $\boldsymbol{A}$ 对角化的正交矩阵 $\boldsymbol{T}$，及由 $\boldsymbol{A}$ 的对应特征值构成的对角阵 $\boldsymbol{\Lambda}$；

③ 正交变换为 $\boldsymbol{x}=\boldsymbol{Ty}$，标准形为 $f=\lambda_1y_1^2+\lambda_2y_2^2+\cdots+\lambda_ny_n^2$.

(2) 二次型化为标准形的方法.

配方法，初等变换法.

初等变换：将 $\begin{pmatrix}\boldsymbol{A}\\\boldsymbol{E}\end{pmatrix}\to\begin{pmatrix}\boldsymbol{\Lambda}\\\boldsymbol{C}\end{pmatrix}$，则 $\boldsymbol{x}=\boldsymbol{Cy}$，$f=\lambda_1y_1^2+\lambda_2y_2^2+\cdots+\lambda_ny_n^2$.

三、典型题解

例 5.13　写出下列二次型的矩阵

(1) $f(x_1,x_2,x_3)=x_1^2+3x_2^2-x_3^2+2x_1x_2+2x_1x_3-3x_2x_3$；

(2) $f(x_1,x_2,x_3)=x_1^2+4x_2^2+5x_3^2+5x_1x_2+12x_1x_3+14x_2x_3$.

解 (1) $A=\begin{pmatrix}1 & 1 & 1\\ 1 & 3 & -\frac{3}{2}\\ 1 & -\frac{3}{2} & -1\end{pmatrix}$

(2) $A=\begin{pmatrix}1 & \frac{5}{2} & 6\\ \frac{5}{2} & 4 & 7\\ 6 & 7 & 5\end{pmatrix}$

例 5.14 设二次型为 $f(x_1,x_2,x_3)=2x_1^2+3x_2^2+3x_3^2+4x_2x_3$，求正交变换 $\boldsymbol{x}=\boldsymbol{Py}$，$\boldsymbol{P}$ 为正交阵，使 f 化为标准形.

解 f 的矩阵为 $A=\begin{pmatrix}2 & 0 & 0\\ 0 & 3 & 2\\ 0 & 2 & 3\end{pmatrix}$，

$$|A-\lambda E|=\begin{vmatrix}2-\lambda & 0 & 0\\ 0 & 3-\lambda & 2\\ 0 & 2 & 3-\lambda\end{vmatrix}=(2-\lambda)\begin{vmatrix}3-\lambda & 2\\ 2 & 3-\lambda\end{vmatrix}=$$

$$-(\lambda-1)(\lambda-2)(\lambda-5)=0$$

$\lambda_1=1,\lambda_2=2,\lambda_3=5$，当 $\lambda_1=1$ 时，$(A-E)\boldsymbol{x}=\boldsymbol{0}$

$$A-E=\begin{pmatrix}1 & 0 & 0\\ 0 & 2 & 2\\ 0 & 2 & 2\end{pmatrix}\longrightarrow\begin{pmatrix}1 & 0 & 0\\ 0 & 1 & 1\\ 0 & 0 & 0\end{pmatrix}$$

代入 x_1,x_2,x_3 得

$$\begin{cases}x_1=0\\ x_2+x_3=0\end{cases},\quad\begin{cases}x_1=0\\ x_2=-x_3\end{cases}$$

设 $x_3=1$，得 $\begin{pmatrix}x_1\\ x_2\end{pmatrix}=\begin{pmatrix}0\\ -1\end{pmatrix}$，$\boldsymbol{\xi}_1=\begin{pmatrix}0\\ -1\\ 1\end{pmatrix}$，单位化得

$$\boldsymbol{p}_1=\frac{\boldsymbol{\xi}_1}{\|\boldsymbol{\xi}_1\|}=\frac{1}{\sqrt{2}}\begin{pmatrix}0\\ -1\\ 1\end{pmatrix}$$

当 $\lambda_2=2$ 时

$$(A-2E)\boldsymbol{x}=\boldsymbol{0}$$

$$A-2E=\begin{pmatrix}0 & 0 & 0\\ 0 & 1 & 2\\ 0 & 2 & 1\end{pmatrix}\longrightarrow\begin{pmatrix}0 & 1 & 2\\ 0 & 2 & 1\\ 0 & 0 & 0\end{pmatrix}\xrightarrow{r_2-2r_1}$$

$$\begin{pmatrix}0&1&2\\0&0&-3\\0&0&0\end{pmatrix}\longrightarrow\begin{pmatrix}0&1&0\\0&0&1\\0&0&0\end{pmatrix}$$

代入 x_1,x_2,x_3 得

$$\begin{cases}x_2=0\\x_3=0\end{cases}$$

设 $x_1=1$,得

$$\boldsymbol{\xi}_2=\begin{pmatrix}1\\0\\0\end{pmatrix}$$

为单位向量,令 $\boldsymbol{p}_2=\boldsymbol{\xi}_2$,当 $\lambda_3=5$ 时

$$(\boldsymbol{A}-5\boldsymbol{E})\boldsymbol{x}=\boldsymbol{0}$$

$$\boldsymbol{A}-5\boldsymbol{E}=\begin{pmatrix}-3&0&0\\0&-2&2\\0&2&-2\end{pmatrix}\xrightarrow{r_3+r_2}\begin{pmatrix}-3&0&0\\0&-2&2\\0&0&0\end{pmatrix}\longrightarrow\begin{pmatrix}1&0&0\\0&1&-1\\0&0&0\end{pmatrix}$$

代入 x_1,x_2,x_3 得

$$\begin{cases}x_1=0\\x_2-x_3=0\end{cases},\quad\begin{cases}x_1=0\\x_2=x_3\end{cases}$$

设 $x_3=1$,得

$$\begin{pmatrix}x_1\\x_2\end{pmatrix}=\begin{pmatrix}0\\1\end{pmatrix},\quad\boldsymbol{\xi}_3=\begin{pmatrix}0\\1\\1\end{pmatrix}$$

单位化得

$$\boldsymbol{p}_3=\frac{\boldsymbol{\xi}_3}{\|\boldsymbol{\xi}_3\|}=\frac{1}{\sqrt{2}}\begin{pmatrix}0\\1\\1\end{pmatrix}$$

令正交阵

$$\boldsymbol{P}=(\boldsymbol{p}_1,\boldsymbol{p}_2,\boldsymbol{p}_3)=\begin{pmatrix}0&1&0\\-\frac{1}{\sqrt{2}}&0&\frac{1}{\sqrt{2}}\\\frac{1}{\sqrt{2}}&0&\frac{1}{\sqrt{2}}\end{pmatrix}$$

对角阵 $\boldsymbol{\Lambda}=\begin{pmatrix}1&0&0\\0&2&0\\0&0&5\end{pmatrix}$,存在正交变换

$$\begin{pmatrix} x_1 \\ x_2 \\ x_3 \end{pmatrix} = \begin{pmatrix} 0 & 1 & 0 \\ -\frac{1}{\sqrt{2}} & 0 & \frac{1}{\sqrt{2}} \\ \frac{1}{\sqrt{2}} & 0 & \frac{1}{\sqrt{2}} \end{pmatrix} \begin{pmatrix} y_1 \\ y_2 \\ y_3 \end{pmatrix}$$

使得

$$f = y_1^2 + 2y_2^2 + 5y_3^2$$

例 5.15 设 $f(x_1, x_2, x_3) = x_2^2 - 2x_3^2 - 4x_1x_2 + 2x_1x_3 - 4x_2x_3$，试求二次型 f 的矩阵 $\boldsymbol{A}$ 及二次型的秩.

解 f 的矩阵 $\boldsymbol{A} = \begin{pmatrix} 0 & -2 & 1 \\ -2 & 1 & -2 \\ 1 & -2 & -2 \end{pmatrix}$

$$\boldsymbol{A} = \begin{pmatrix} 0 & -2 & 1 \\ -2 & 1 & -2 \\ 1 & -2 & -2 \end{pmatrix} \xrightarrow{r_1 \leftrightarrow r_3} \begin{pmatrix} 1 & -2 & -2 \\ -2 & 1 & -2 \\ 0 & -2 & 1 \end{pmatrix} \xrightarrow{r_2 + 2r_1}$$

$$\begin{pmatrix} 1 & -2 & -2 \\ 0 & -3 & -6 \\ 0 & -2 & 1 \end{pmatrix} \xrightarrow{r_2 \div (-3)} \begin{pmatrix} 1 & -2 & -2 \\ 0 & 1 & 2 \\ 0 & -2 & 1 \end{pmatrix} \xrightarrow{r_3 + 2r_2} \begin{pmatrix} 1 & -2 & -2 \\ 0 & 1 & 2 \\ 0 & 0 & 5 \end{pmatrix}$$

得二次型的秩为 3.

例 5.16 设 $f(x_1, x_2, x_3) = 2x_1^2 - x_2^2 - x_3^2 + 4x_1x_2 - 4x_1x_3 + 8x_2x_3$，求正交变换 $\boldsymbol{x} = \boldsymbol{P}\boldsymbol{y}$，$\boldsymbol{P}$ 为正交阵，使 f 化为标准形.

解 f 的矩阵为 $\boldsymbol{A} = \begin{pmatrix} 2 & 2 & -2 \\ 2 & -1 & 4 \\ -2 & 4 & -1 \end{pmatrix}$

$$|\boldsymbol{A} - \lambda \boldsymbol{E}| = \begin{vmatrix} 2-\lambda & 2 & -2 \\ 2 & -1-\lambda & 4 \\ -2 & 4 & -1-\lambda \end{vmatrix} = (\lambda - 3)^2(\lambda + 6) = 0$$

$$\lambda_1 = \lambda_2 = 3, \quad \lambda_3 = -6$$

当 $\lambda_1 = \lambda_2 = 3$ 时

$$(\boldsymbol{A} - 3\boldsymbol{E})\boldsymbol{x} = \boldsymbol{0}$$

$$\boldsymbol{A} - 3\boldsymbol{E} = \begin{pmatrix} -1 & 2 & -2 \\ 2 & -4 & 4 \\ -2 & 4 & -4 \end{pmatrix} \longrightarrow \begin{pmatrix} -1 & 2 & -2 \\ 0 & 0 & 0 \\ 0 & 0 & 0 \end{pmatrix} \xrightarrow{r_1 \div (-1)} \begin{pmatrix} 1 & -2 & 2 \\ 0 & 0 & 0 \\ 0 & 0 & 0 \end{pmatrix}$$

代入 x_1, x_2, x_3 得

$$x_1 - 2x_2 + 2x_3 = 0$$

得

$$x_1 = 2x_2 - 2x_3$$

设 $\begin{pmatrix}x_2\\x_3\end{pmatrix}=\begin{pmatrix}1\\0\end{pmatrix},\begin{pmatrix}0\\1\end{pmatrix}$，则 $x_1=2,-2$，

$$\boldsymbol{\xi}_1=\begin{pmatrix}2\\1\\0\end{pmatrix},\quad \boldsymbol{\xi}_2=\begin{pmatrix}-2\\0\\1\end{pmatrix}$$

将 $\boldsymbol{\xi}_1,\boldsymbol{\xi}_2$ 正交化得

$$\boldsymbol{\eta}_1=\boldsymbol{\xi}_1=\begin{pmatrix}2\\1\\0\end{pmatrix},\boldsymbol{\eta}_2=\boldsymbol{\xi}_2-\frac{[\boldsymbol{\eta}_1,\boldsymbol{\xi}_2]}{[\boldsymbol{\eta}_1,\boldsymbol{\eta}_1]}\boldsymbol{\eta}_1,[\boldsymbol{\eta}_1,\boldsymbol{\xi}_2]=-4,[\boldsymbol{\eta}_1,\boldsymbol{\eta}_1]=5$$

得

$$\boldsymbol{\eta}_2=\begin{pmatrix}-\frac{2}{5}\\\frac{4}{5}\\1\end{pmatrix}$$

再将 $\boldsymbol{\eta}_1,\boldsymbol{\eta}_2$ 单位化

$$\boldsymbol{p}_1=\frac{\boldsymbol{\eta}_1}{\|\boldsymbol{\eta}_1\|}=\frac{1}{\sqrt{5}}\begin{pmatrix}2\\1\\0\end{pmatrix},\quad \boldsymbol{p}_2=\frac{\boldsymbol{\eta}_2}{\|\boldsymbol{\eta}_2\|}=\begin{pmatrix}-\frac{2}{3\sqrt{5}}\\\frac{4}{3\sqrt{5}}\\\frac{\sqrt{5}}{3}\end{pmatrix}$$

当 $\lambda_3=-6$ 时

$$(\boldsymbol{A}+6\boldsymbol{E})\boldsymbol{x}=\boldsymbol{0}$$

$$\boldsymbol{A}+6\boldsymbol{E}=\begin{pmatrix}8&2&-2\\2&5&4\\-2&4&5\end{pmatrix}\xrightarrow{r_1\leftrightarrow r_2}\begin{pmatrix}2&5&4\\8&2&-2\\-2&4&5\end{pmatrix}\longrightarrow\begin{pmatrix}2&5&4\\0&-18&-18\\0&9&9\end{pmatrix}\longrightarrow$$

$$\begin{pmatrix}2&5&4\\0&1&1\\0&0&0\end{pmatrix}\xrightarrow{r_1-5r_2}\begin{pmatrix}2&0&-1\\0&1&1\\0&0&0\end{pmatrix}\xrightarrow{r_1\div 2}\begin{pmatrix}1&0&-\frac{1}{2}\\0&1&1\\0&0&0\end{pmatrix}$$

代入 x_1,x_2,x_3 得

$$\begin{cases}x_1-\frac{1}{2}x_3=0\\x_2+x_3=0\end{cases},\quad\begin{cases}x_1=\frac{1}{2}x_3\\x_2=-x_3\end{cases}$$

设 $x_3=1$，得 $\begin{pmatrix}x_1\\x_2\end{pmatrix}=\begin{pmatrix}\frac{1}{2}\\-1\end{pmatrix}$，$\boldsymbol{\xi}_3=\begin{pmatrix}\frac{1}{2}\\-1\\1\end{pmatrix}$

将 $\boldsymbol{\xi}_3$ 单位化有

$$\boldsymbol{p}_3=\frac{\boldsymbol{\xi}_3}{\|\boldsymbol{\xi}_3\|}=\frac{2}{3}\begin{pmatrix}\frac{1}{2}\\-1\\1\end{pmatrix}$$

正交阵

$$\boldsymbol{P}=(\boldsymbol{p}_1,\boldsymbol{p}_2,\boldsymbol{p}_3)=\begin{pmatrix}\frac{2}{\sqrt{5}} & -\frac{2}{3\sqrt{5}} & \frac{1}{3}\\ \frac{1}{\sqrt{5}} & \frac{4}{3\sqrt{5}} & -\frac{2}{3}\\ 0 & \frac{\sqrt{5}}{3} & \frac{2}{3}\end{pmatrix}$$

对角阵 $\boldsymbol{\Lambda}=\begin{pmatrix}3 & 0 & 0\\0 & 3 & 0\\0 & 0 & -6\end{pmatrix}$，存在正交变换

$$\begin{pmatrix}x_1\\x_2\\x_3\end{pmatrix}=\begin{pmatrix}\frac{2}{\sqrt{5}} & -\frac{\sqrt{5}}{3\sqrt{5}} & \frac{1}{3}\\ \frac{1}{\sqrt{5}} & \frac{4}{3\sqrt{5}} & -\frac{2}{3}\\ 0 & \frac{5}{3\sqrt{5}} & \frac{2}{3}\end{pmatrix}\begin{pmatrix}y_1\\y_2\\y_3\end{pmatrix}$$

使得

$$f=3y_1^2+3y_2^2-6y_3^2$$

例 5.17 用配方法将 $f(x_1,x_2,x_3)=x_1^2+3x_3^2+2x_1x_2+4x_1x_3+2x_2x_3$ 化为标准形，并写出所用的非退化线性替换.

解 $f(x_1,x_2,x_3)=x_1^2+2x_1(x_2+2x_3)+3x_3^2+2x_2x_3=$

$[x_1+(x_2+2x_3)]^2-(x_2+2x_3)^2+3x_3^2+2x_2x_3=$

$(x_1+x_2+2x_3)^2-x_2^2-2x_2x_3-x_3^2$

令

$$\begin{cases}y_1=x_1+x_2+2x_3\\ y_2=x_2\\ y_3=x_3\end{cases}$$

即

$$\begin{cases}x_1=y_1-y_2-2y_3\\ x_2=y_2\\ x_3=y_3\end{cases}$$

得

$$f=y_1^2-y_2^2-2y_2y_3-y_3^2=y_1^2-(y_2+y_3)^2$$

$$\begin{cases} z_1 = y_1 \\ z_2 = y_2 + y_3 \\ z_3 = y_3 \end{cases}$$

即

$$\begin{cases} y_1 = z_1 \\ y_2 = z_2 - z_3 \\ y_3 = z_3 \end{cases}$$

得

$$f = z_1^2 - z_2^2$$

所用的非退化线性替换为

$$\begin{cases} x_1 = z_1 - z_2 - z_3 \\ x_2 = z_2 - z_3 \\ x_3 = z_3 \end{cases}$$

例 5.18　用配方法将 $f(x_1, x_2, x_3) = x_1x_2 + x_1x_3 + x_2x_3$ 化为标准形,并写出所用的非退化线性替换.

解　令 $\begin{cases} x_1 = y_1 - y_2 \\ x_2 = y_1 + y_2 \\ x_3 = y_3 \end{cases}$,得

$$f = (y_1 + y_3)^2 - y_2^2 - y_3^2$$

$$\begin{cases} z_1 = y_1 + y_3 \\ z_2 = y_2 \\ z_3 = y_3 \end{cases}$$

即

$$\begin{cases} y_1 = z_1 - z_3 \\ y_2 = z_2 \\ y_3 = z_3 \end{cases}$$

得

$$f = z_1^2 - z_2^2 - z_3^2$$

所用的非退化线性替换为

$$\begin{cases} x_1 = z_1 - z_2 - z_3 \\ x_2 = z_1 + z_2 - z_3 \\ x_3 = z_3 \end{cases}$$

5.5　正定二次型

一、基本要求

(1) 了解惯性定理;

(2) 会正定二次型的判定方法.

二、知识考点概述

定理10(惯性定理) 设有二次型 $f=\boldsymbol{x}'\boldsymbol{A}\boldsymbol{x}$,它的秩为 r,若有两个实的非退化线性变换 $\boldsymbol{x}=\boldsymbol{C}\boldsymbol{y}$ 及 $\boldsymbol{x}=\boldsymbol{P}\boldsymbol{z}$,使 $f=k_1y_1^2+k_2y_2^2+\cdots+k_ny_n^2$ 及 $f=\lambda_1z_1^2+\lambda_2z_2^2+\cdots+\lambda_nz_n^2$,则 $k_1,k_2,\cdots,k_n$ 与 $\lambda_1,\lambda_2,\cdots,\lambda_n$ 中正数的个数相同.

正定二次型,正定矩阵,负定二次型,负定矩阵:

设有二次型 $f=\boldsymbol{x}'\boldsymbol{A}\boldsymbol{x}$,如果对任何 $\boldsymbol{x}\neq\boldsymbol{0}$,都有 $f(\boldsymbol{x})>0$,则称 f 为正定二次型,并称矩阵 $\boldsymbol{A}$ 为正定矩阵;如果对任何 $\boldsymbol{x}\neq\boldsymbol{0}$,都有 $f(\boldsymbol{x})<0$,则称 f 为负定二次型,并称矩阵 $\boldsymbol{A}$ 为负定矩阵.

定理11 n 元二次型 $f=\boldsymbol{x}'\boldsymbol{A}\boldsymbol{x}$ 为正定二次型的充分必要条件是:它的正惯性指数等于 n.

定理12 对称矩阵 $\boldsymbol{A}$ 正定,当且仅当 $\boldsymbol{A}$ 的各阶顺序主子式全为正,即

$$\begin{vmatrix} a_{11} & a_{12} & \cdots & a_{1r} \\ a_{21} & a_{22} & \cdots & a_{2r} \\ \vdots & \vdots & & \vdots \\ a_{r1} & a_{r2} & \cdots & a_{rr} \end{vmatrix}>0 \quad (r=1,2,\cdots,n)$$

对称矩阵 $\boldsymbol{A}$ 负定,当且仅当 $\boldsymbol{A}$ 的奇数顺序主子式全为负,$\boldsymbol{A}$ 的偶数顺序主子式全为正,即

$$(-1)^r\begin{vmatrix} a_{11} & a_{12} & \cdots & a_{1r} \\ a_{21} & a_{22} & \cdots & a_{2r} \\ \vdots & \vdots & & \vdots \\ a_{r1} & a_{r2} & \cdots & a_{rr} \end{vmatrix}>0 \quad (r=1,2,\cdots,n)$$

三、典型题解

例 5.19 设二次型为 $f(x_1,x_2,x_3)=x_1^2+x_2^2+5x_3^2+2tx_1x_2-2x_1x_3+4x_2x_3$,试问 t 为何值时,该二次型为正定二次型?

解 f 的矩阵为 $\boldsymbol{A}=\begin{pmatrix} 1 & t & -1 \\ t & 1 & 2 \\ -1 & 2 & 5 \end{pmatrix}$,当 $\boldsymbol{A}$ 的各阶顺序主子式大于零时,$\boldsymbol{A}$ 为正定矩阵,由

$$|\boldsymbol{A}_1|=1>0,\quad |\boldsymbol{A}_2|=\begin{vmatrix} 1 & t \\ t & 1 \end{vmatrix}=1-t^2>0,$$

$$|\boldsymbol{A}_3|=\begin{vmatrix} 1 & t & -1 \\ t & 1 & 2 \\ -1 & 2 & 5 \end{vmatrix}=-5t^2-4t>0$$

解得 $-\frac{4}{5}<t<0$,即当 $-\frac{4}{5}<t<0$ 时,该二次型为正定二次型.

例 5.20 判断下列二次型是否正定

(1) $f(x_1,x_2,x_3)=99x_1^2+130x_2^2+71x_3^2-12x_1x_2+48x_1x_3-60x_2x_3$

(2) $f(x_1,x_2,x_3)=10x_1^2+2x_2^2+x_3^2+8x_1x_2+24x_1x_3-28x_2x_3$

解　(1) f 的矩阵为 $\boldsymbol{A}=\begin{pmatrix}99 & -6 & 24\\ -6 & 130 & -30\\ 24 & -30 & 71\end{pmatrix}$

$$|\boldsymbol{A}_1|=99>0,\quad |\boldsymbol{A}_2|=\begin{vmatrix}99 & -6\\ -6 & 130\end{vmatrix}>0$$

$$|\boldsymbol{A}|=\begin{vmatrix}99 & -6 & 24\\ -6 & 130 & -30\\ 24 & -30 & 71\end{vmatrix}>0$$

故 f 正定.

(2) $|\boldsymbol{A}|=\begin{vmatrix}10 & 4 & 12\\ 4 & 2 & -14\\ 12 & -14 & 1\end{vmatrix}=-3\ 588<0$，故 f 非正定.

单元测试题 A

一、填空题

1. 已知三阶矩阵 $\boldsymbol{A}$ 的特征值为 $1,-1,2$，则矩阵 $\boldsymbol{B}=2\boldsymbol{A}+\boldsymbol{E}$ 的特征值为________.

2. 已知 $|\boldsymbol{A}|=\begin{vmatrix}-3 & -a & 3\\ 1 & 2 & -1\\ -1 & -b & 1\end{vmatrix}=0$，则 $\boldsymbol{B}=\begin{pmatrix}5 & a & -3\\ -1 & 0 & 1\\ 1 & b & 1\end{pmatrix}$ 有一特征值 $\lambda=$________.

3. 已知二次型为 $f(x_1,x_2,x_3)=2x_1^2+3x_2^2+3x_3^2+2ax_2x_3$，通过正交变换化为标准形为 $f=y_1^2+2y_2^2+5y_3^2$，则大于零的数 $a=$________.

4. 设 $\boldsymbol{A}=\begin{pmatrix}1 & \alpha & 1\\ \alpha & 1 & \beta\\ 1 & \beta & 1\end{pmatrix}$，$\boldsymbol{B}=\begin{pmatrix}0 & 0 & 0\\ 0 & 1 & 0\\ 0 & 0 & 2\end{pmatrix}$，且 $\boldsymbol{A}$ 与 $\boldsymbol{B}$ 相似，则 $\boldsymbol{\alpha}=$________，$\boldsymbol{\beta}=$________.

5. 若 n 阶矩阵 $\boldsymbol{A}$ 有 n 个属于特征值 λ 的线性无关的特征向量，则 $\boldsymbol{A}=$________.

6. 设 $\boldsymbol{A}$ 是 n 阶正交矩阵，则有 $\boldsymbol{A}\boldsymbol{A}^{\mathrm{T}}=$________.

7. 设 $\boldsymbol{A}$ 是 3 阶可逆矩阵，它的特征值为 1,2,3，则 $|\boldsymbol{A}|=$________.

8. 设 $\lambda=0$ 是 n 阶矩阵 $\boldsymbol{A}$ 的一个特征值，则 $|\boldsymbol{A}|=$________.

9. $\boldsymbol{x}=\begin{pmatrix}1\\ -1\\ 0\\ 1\end{pmatrix}$，$\boldsymbol{y}=\begin{pmatrix}2\\ 0\\ 1\\ 1\end{pmatrix}$，则 $[\boldsymbol{x},\boldsymbol{y}]=$________.

二、选择题

10. 0 是矩阵 $\boldsymbol{A}$ 的特征值是 $\boldsymbol{A}$ 不可逆的(　　)

A. 充分条件　　B. 必要条件　　C. 充分必要条件　　D. 以上都不对

11. 设 $A=\begin{pmatrix}-5&2&2\\2&-6&0\\2&0&-4\end{pmatrix}$,则(　　)

A. A 是正定的　　B. A 是负定的　　C. A 是不定的　　D. 以上都不对

12. 设 A,B 均为 n 阶正交矩阵,则下列矩阵中不是正交阵的是(　　)

A. AB^{-1}　　B. KA(其中 $|K|=1$)　　C. A^*　　D. $A-B$

13. A,B 均为 n 阶方阵,且 A 与 B 相似,则(　　)

A. A,B 有相同的特征值

B. A 与 B 相似于同一对角矩阵

C. 存在正交矩阵 T,使 $T^{-1}AT=B$

D. 存在可逆矩阵 T,使 $T^{\mathrm{T}}AT=B$

14. 已知三阶矩阵 A 的特征值为 1,-2,4,则下列矩阵为满秩矩阵的是(　　)

A. $E-A$　　B. $A+2E$　　C. $2E-A$　　D. $A-4E$

15. 矩阵 $A=\begin{pmatrix}2&0\\0&2\end{pmatrix}$,则它的特征值为(　　)

A. $\lambda_1=3,\lambda_2=3$　　B. $\lambda_1=1,\lambda_2=3$

C. $\lambda_1=3,\lambda_2=2$　　D. $\lambda_1=2,\lambda_2=2$

三、计算题

16. 设 B 是 4×5 矩阵,$r(B)=3$,$a_1=\begin{pmatrix}2\\3\\2\\2\\-1\end{pmatrix}$,$a_2=\begin{pmatrix}1\\1\\2\\3\\-1\end{pmatrix}$,$a_3=\begin{pmatrix}0\\-1\\2\\4\\-1\end{pmatrix}$ 是齐次方程组 $Bx=0$ 的解向量,求 $Bx=0$ 的解空间的一个标准正交基.

17. 已知两个单位正交向量 $\xi_1=\begin{pmatrix}\frac{1}{9}\\-\frac{8}{9}\\-\frac{4}{9}\end{pmatrix}$,$\xi_2=\begin{pmatrix}-\frac{8}{9}\\\frac{1}{9}\\-\frac{4}{9}\end{pmatrix}$,求 ξ_3 使得以 ξ_1,ξ_2,ξ_3 为列向量构成的矩阵 Q 是正交阵.

18. 设 $A=\begin{pmatrix}2&1&1\\1&2&1\\1&1&2\end{pmatrix}$,若 $\alpha=\begin{pmatrix}1\\k\\1\end{pmatrix}$ 是 A^{-1} 的特征向量,求 k 及 α 所属的特征值.

19. 设 $f(x_1,x_2,x_3)=x_1^2+4x_2^2+4x_3^2-4x_1x_2+4x_1x_3-8x_2x_3$,求正交变换 $x=Py$,P 为正交阵,使 f 化为标准形.

四、证明题

20. 设 A,B 都是正交阵,证明:AB 也是正交阵.

21. 设 A 是 n 阶对称矩阵,B 为 n 阶方阵,证明:$B^{\mathrm{T}}AB$ 为对称矩阵.

单元测试题 B

一、填空题

1. 设 4 阶方阵 $\boldsymbol{A}$ 的特征值为 $1,-2,3,4$，则 $|\boldsymbol{A}^2|=$________.

2. 设矩阵 $\boldsymbol{A}=\begin{pmatrix}1&0&1\\0&2&0\\1&0&a\end{pmatrix}$ 有一个特征值 0，则 $a=$________，$\boldsymbol{A}$ 的另一个特征值为________.

3. 若 $\boldsymbol{A}^2=\boldsymbol{A}$，则 $\boldsymbol{A}$ 有特征值________.

4. 已知 $\boldsymbol{A}$ 是三阶正交矩阵，$|\boldsymbol{A}|>0$，$\boldsymbol{B}$ 是三阶矩阵，$|\boldsymbol{A}+2\boldsymbol{B}|=5$，则 $\left|\frac{1}{2}\boldsymbol{E}+\boldsymbol{A}\boldsymbol{B}^{\mathrm{T}}\right|=$________.

5. 二次型 $f(x_1,x_2,x_3)=x_1^2+ax_2^2+x_3^2+2(x_1x_2-ax_1x_3-x_2x_3)$ 的正负惯性指数都是 1，则 $a=$________.

6. 已知 n 阶矩阵 $\boldsymbol{A}$ 及数 λ，则 $|\lambda\boldsymbol{A}|=$________.

7. 设 $\boldsymbol{A}$ 是 3 阶可逆矩阵，它的特征值为 $5,1,2$，则 $|\boldsymbol{A}|=$________.

8. 若 $\boldsymbol{A}$ 是 n 阶正交矩阵，即 $\boldsymbol{A}^{\mathrm{T}}=\boldsymbol{A}^{-1}$，则 $\boldsymbol{A}^{\mathrm{T}}\boldsymbol{A}=$________.

9. $\boldsymbol{x}=\begin{pmatrix}1\\2\\-3\\0\end{pmatrix}$，$\boldsymbol{y}=\begin{pmatrix}0\\5\\4\\0\end{pmatrix}$，则 $[\boldsymbol{x},\boldsymbol{y}]=$________.

二、选择题

10. 设 λ_0 是 n 阶矩阵 $\boldsymbol{A}$ 的特征值，且齐次线性方程组 $(\boldsymbol{A}-\lambda_0\boldsymbol{E})\boldsymbol{x}=\boldsymbol{0}$ 的基础解系为 $\boldsymbol{\eta}_1$，$\boldsymbol{\eta}_2$，则 $\boldsymbol{A}$ 的属于 λ_0 的全部特征向量为(　　)

A. $\boldsymbol{\eta}_1$ 和 $\boldsymbol{\eta}_2$　　B. $\boldsymbol{\eta}_1$ 或 $\boldsymbol{\eta}_2$

C. $c_1\boldsymbol{\eta}_1+c_2\boldsymbol{\eta}_2$($c_1,c_2$ 全不为零)　　D. $c_1\boldsymbol{\eta}_1+c_2\boldsymbol{\eta}_2$($c_1,c_2$ 不全为零)

11. 设 $\boldsymbol{A}=\begin{pmatrix}1&1&1&1\\1&1&1&1\\1&1&1&1\\1&1&1&1\end{pmatrix}$，$\boldsymbol{B}=\begin{pmatrix}4&0&0&0\\0&0&0&0\\0&0&0&0\\0&0&0&0\end{pmatrix}$，则 $\boldsymbol{A}$ 与 $\boldsymbol{B}$(　　)

A. 合同且相似　　B. 合同但不相似

C. 不合同但相似　　D. 不合同且不相似

12. 二次型 $f=\boldsymbol{x}^{\mathrm{T}}\boldsymbol{A}\boldsymbol{x}$ 正定的充分必要条件是(　　)

A. $|\boldsymbol{A}|>0$　　B. $\boldsymbol{A}$ 的负惯性指数为 0

C. 存在 n 阶可逆矩阵 $\boldsymbol{C}$，使 $\boldsymbol{A}=\boldsymbol{C}^{\mathrm{T}}\boldsymbol{C}$　　D. $\boldsymbol{A}$ 与 $\boldsymbol{E}$ 合同

13. 设 λ_1,λ_2 是 n 阶矩阵 $\boldsymbol{A}$ 的特征值，$\boldsymbol{\alpha}_1,\boldsymbol{\alpha}_2$ 分别是 $\boldsymbol{A}$ 的属于 λ_1,λ_2 的特征向量，则(　　)

A. $\lambda_1=\lambda_2$ 时，$\boldsymbol{\alpha}_1$ 与 $\boldsymbol{\alpha}_2$ 必成比例

B. $\lambda_1=\lambda_2$ 时，$\boldsymbol{\alpha}_1$ 与 $\boldsymbol{\alpha}_2$ 必不成比例

C. $\lambda_1\neq\lambda_2$ 时，$\boldsymbol{\alpha}_1$ 与 $\boldsymbol{\alpha}_2$ 必成比例

D. $\lambda_1\neq\lambda_2$ 时，$\boldsymbol{\alpha}_1$ 与 $\boldsymbol{\alpha}_2$ 必不成比例

14. $\boldsymbol{M}$ 为正交矩阵，$\boldsymbol{A}$ 为对角矩阵，则矩阵 $\boldsymbol{M}^{-1}\boldsymbol{AM}$ 为(　　)

A. 正交矩阵　　B. 对角矩阵

C. 不一定为对称矩阵　　D. 以上都不对

15. 设 $\boldsymbol{A}$ 是 3 阶方阵并有三个不同特征值，并且 $|\boldsymbol{A}|=10$，如果 $\lambda=4$，$\lambda=1$ 都是它的特征值，那么它的另一个特征值是(　　)

A. 2　　B. $\frac{1}{2}$　　C. 5　　D. $\frac{5}{2}$

三、计算题

16. 判断 $f(x_1,x_2,x_3)=6x_1^2+5x_2^2+7x_3^2-4x_1x_2+4x_1x_3$ 是否正定.

17. $\boldsymbol{A}=\begin{pmatrix}1&1&0\\1&0&1\\0&1&1\end{pmatrix}$，求特征值及全部特征向量.

18. 设曲线在某直角坐标下的方程为 $5x^2+5y^2-6xy+2\sqrt{2}x+2\sqrt{2}y=-1$，利用正交变换，化成标准方程(只含有平方项和常数项的方程)，并指出方程表示什么曲线.

19. 已知 $\boldsymbol{A}=\begin{pmatrix}1&1&2\\1&0&1\\2&1&3\end{pmatrix}$，求可逆矩阵 $\boldsymbol{P}$，使得 $\boldsymbol{P}^{-1}\boldsymbol{AP}$ 为对角阵.

20. 将 $f(x_1,x_2,x_3)=x_1^2-3x_3^2-2x_1x_2+2x_1x_3-6x_2x_3$ 化为标准形，并写出所用的非退化线性替换.

四、证明题

21. 设 $\boldsymbol{\alpha}$ 为矩阵 $\boldsymbol{A}$ 的对应特征值 λ_0 的特征向量，证明：$(\boldsymbol{A}+\boldsymbol{E})^2$ 有特征值 $(\lambda_0+1)^2$，且 $\boldsymbol{\alpha}$ 为其对应此特征值的特征向量.

单元测试题 A 答案

一、填空题

1. 3，−1，5　2. 2　3. 2　4. 0，0　5. $\lambda\boldsymbol{E}_n$　6. $\boldsymbol{E}$　7. 6　8. 0　9. 3

二、选择题

10. C　11. B　12. D　13. A　14. C　15. D

三、计算题

16. $\boldsymbol{\xi}_1=\frac{1}{4}\begin{pmatrix}1\\1\\2\\3\\-1\end{pmatrix}$，$\boldsymbol{\xi}_2=\frac{1}{\sqrt{6}}\begin{pmatrix}1\\2\\0\\-1\\0\end{pmatrix}$ 为 $\boldsymbol{Bx}=\boldsymbol{0}$ 的解空间的一个标准正交基.

17. $\boldsymbol{\xi}_2 = \begin{pmatrix} -\frac{4}{9} \\ -\frac{4}{9} \\ \frac{7}{9} \end{pmatrix}$.

18. $k=1$ 时，$\boldsymbol{\alpha}$ 是 $\boldsymbol{A}^{-1}$ 属于特征值 $\lambda=\frac{1}{4}$ 的特征向量；$k=-2$ 时，$\boldsymbol{\alpha}$ 是 $\boldsymbol{A}^{-1}$ 属于特征值 $\lambda=1$ 的特征向量.

19. 正交变换为 $\begin{pmatrix} x_1 \\ x_2 \\ x_3 \end{pmatrix} = \begin{pmatrix} \frac{2}{\sqrt{5}} & -\frac{2}{3\sqrt{5}} & \frac{1}{3} \\ \frac{1}{\sqrt{5}} & \frac{4}{3\sqrt{5}} & -\frac{2}{3} \\ 0 & \frac{\sqrt{5}}{3} & \frac{2}{3} \end{pmatrix} \begin{pmatrix} y_1 \\ y_2 \\ y_3 \end{pmatrix}$，得标准形为 $f=9y_3^2$.

四、证明题

20. 由 $\boldsymbol{A}^{\mathrm{T}}\boldsymbol{A}=\boldsymbol{E}, \boldsymbol{B}^{\mathrm{T}}\boldsymbol{B}=\boldsymbol{E}$，得 $(\boldsymbol{AB})^{\mathrm{T}}\boldsymbol{AB}=\boldsymbol{B}^{\mathrm{T}}(\boldsymbol{A}^{\mathrm{T}}\boldsymbol{A})\boldsymbol{B}=\boldsymbol{B}^{\mathrm{T}}\boldsymbol{B}=\boldsymbol{E}$，得证.

21. $(\boldsymbol{B}^{\mathrm{T}}\boldsymbol{AB})^{\mathrm{T}}=\boldsymbol{B}^{\mathrm{T}}\boldsymbol{A}^{\mathrm{T}}\ (\boldsymbol{B}^{\mathrm{T}})^{\mathrm{T}}=\boldsymbol{B}^{\mathrm{T}}\boldsymbol{A}^{\mathrm{T}}\boldsymbol{B}=\boldsymbol{B}^{\mathrm{T}}\boldsymbol{AB}$

单元测试题 B 答案

一、填空题

1. 576　2. 1，2　3. 0 或 1　4. $\frac{5}{8}$　5. -2　6. $\lambda^n|\boldsymbol{A}|$　7. 10　8. $\boldsymbol{E}$　9. -2

二、选择题

10. D　11. A　12. D　13. D　14. B　15. D

三、计算题

16. f 为正定二次型

17. 特征值为 $\lambda_1=-1$

$\lambda_1=-1, \boldsymbol{\xi}_1=\begin{pmatrix} 1 \\ -2 \\ 1 \end{pmatrix}$，$k_1\boldsymbol{\xi}_1(k_1\neq 0)$ 为 $\lambda_1=-1$ 的全部特征向量；

$\lambda_2=1, \boldsymbol{\xi}_2=\begin{pmatrix} -1 \\ 0 \\ 1 \end{pmatrix}$，$k_2\boldsymbol{\xi}_2(k_2\neq 0)$ 为 $\lambda_2=1$ 的全部特征向量；

$\lambda_3=2, \boldsymbol{\xi}_3=\begin{pmatrix} 1 \\ 1 \\ 1 \end{pmatrix}$，$k_3\boldsymbol{\xi}_3(k_3\neq 0)$ 为 $\lambda_3=2$ 的全部特征向量.

18. 令$\begin{pmatrix} x \\ y \end{pmatrix}=\begin{pmatrix} \frac{1}{\sqrt{2}} & \frac{1}{\sqrt{2}} \\ \frac{1}{\sqrt{2}} & -\frac{1}{\sqrt{2}} \end{pmatrix}\begin{pmatrix} u \\ v \end{pmatrix}$，$f=2(u+2)^2+8v^2=1$，令 $w=u+2$

$f=\dfrac{w^2}{\frac{1}{2}}+\dfrac{v^2}{\frac{1}{8}}=1$，故原方程表示一个椭圆.

19. 可逆矩阵 $\boldsymbol{P}=\begin{pmatrix} 1 & -1 & -1 \\ 0 & 1 & -1 \\ 0 & 0 & 1 \end{pmatrix}$，使 $\boldsymbol{P}^{\mathrm{T}}\boldsymbol{AP}=\begin{pmatrix} 1 & 0 & 0 \\ 0 & -1 & 0 \\ 0 & 0 & 0 \end{pmatrix}$

20. 非退化线性替换 $\begin{pmatrix} x_1 \\ x_2 \\ x_3 \end{pmatrix}=\begin{pmatrix} 1 & 1 & -\frac{3}{2} \\ 0 & 1 & -\frac{1}{2} \\ 0 & 0 & 1 \end{pmatrix}\begin{pmatrix} y_1 \\ y_2 \\ y_3 \end{pmatrix}$ 化二次型为 $f=y_1^2-4y_2^2$

四、证明题

21. $\boldsymbol{A\alpha}=\lambda_0\boldsymbol{\alpha}$，所以$(\boldsymbol{A}+\boldsymbol{E})\boldsymbol{\alpha}=\boldsymbol{A\alpha}+\boldsymbol{E\alpha}=\lambda_0\boldsymbol{\alpha}+\boldsymbol{\alpha}=(\lambda_0+1)\boldsymbol{\alpha}$

$(\boldsymbol{A}+\boldsymbol{E})^2\boldsymbol{\alpha}=(\boldsymbol{A}+\boldsymbol{E})(\boldsymbol{A}+\boldsymbol{E})\boldsymbol{\alpha}=(\boldsymbol{A}+\boldsymbol{E})(\lambda_0+1)\boldsymbol{\alpha}=(\lambda_0+1)(\boldsymbol{A}+\boldsymbol{E})\boldsymbol{\alpha}=(\lambda_0+1)^2\boldsymbol{\alpha}$，此即$(\boldsymbol{A}+\boldsymbol{E})^2$ 有特征值$(\lambda_0+1)^2$，且 $\boldsymbol{\alpha}$ 为其对应此特征值的特征向量.

参考文献

[1] 蔡光兴.线性代数[M]. 北京:科学出版社,2002.
[2] 同济大学数学教研室.线性代数[M]. 北京:高等教育出版社,1999.
[3] 郝志峰.线性代数[M].2 版. 北京:高等教育出版社,2003.
[4] 周晓钟.线性代数习题集[M]. 北京:人民教育出版社,1981.
[5] 龚昇. 线性代数五讲[M]. 北京:科学出版社,2006.
[6] 张天德. 线性代数习题精选精解[M]. 济南:山东科学技术出版社,2011.
[7] 赵慧斌.线性代数专题分析与解题指导[M]. 北京:北京大学出版社,2007.